アヴィエーション・インダストリー

航空機産業の経営戦略

閑林亨平 著
Kohei Kanbayashi

文眞堂

Aviation Industry

はじめに

　競争戦略の研究では大量生産・大量販売に伴う規模の経済性を享受し，コスト削減による価格競争力を競争戦略の中心に据える自動車・電機などの産業を多くは対象としてきた。これらの産業は今日まで日本経済の中核を担ってきた重要な産業であることはいえる。一方で，技術革新が旺盛で高度の技術革新が不可欠ながら規模の経済性を享受できない重要な産業が存在する。この様な産業では自動車産業の系列のような強固な分担生産体制を競争戦略の中心に置くのは難しいと思われる。このような産業の中には裾野が広いといわれる産業が存在する。この裾野が広いという意味は他産業への雇用効果の大きい産業波及効果と他産業への技術波及の大きい技術波及効果の二様に解釈できる。後者の技術波及効果は規模の経済性を伴わなくとも企業の新規参入を導く大きなインセンティブとなっている。本書ではこの様な技術波及効果の大きい産業の代表格の１つである航空機産業に焦点を当ててその技術革新に伴う競争戦略を考察する。

　航空機産業の特に大型航空機生産では戦略的な提携がその競争戦略の中心に置かれている。この航空機産業の戦略的提携も当初は莫大な開発費を他社に分担させる狙いから始まったが，むしろ有力な技術を持つ企業だけをその提携の中に組み込むことに目的が移行している。また，有力企業はその技術力を常に革新させ，大型プロジェクトに常に参加することが必要になってきた。このためには自社の経営資源を拡大させるだけでは不十分であり，技術波及効果の有効な技術力を開発することによって，分担生産・下請け産業の育成なども図っていく必要が生じている。

　本書の目的は上記２つのテーマ，技術波及効果と戦略的提携を中心命題にすえ特に航空機産業をモデルとして産業の競争戦略を分析することである。この２つのテーマは緊密に連携している。戦略的提携が大型航空機産業の不可欠の

経営戦略であれば，そのパートナー企業は常に技術波及効果の大きな技術革新を常に求められるからである。技術革新を続けることが自社の経営資源を高め，戦略的な提携グループの中での地位を高めるからである。

　戦略的提携を持続可能な重要事業戦略と位置づけた上でその競争政策上の有効性を検討する。すなわち，戦略的提携は独占禁止法の適用外であることを指摘する。その上で M&A などの資本がらみの強圧的提携や系列のような産業構成上の提携に比べ，戦略的提携の求心力が脆弱であることを認識し，その脆弱性を補完する意味での技術革新，さらに技術革新力の指標としての技術波及効果を取り上げる。また，生産工程の細分化をフラグメンテーションの論理から伝統的提携の一つの拠り所ととらえられるコスト競争力分析以外の視点で検討し直すべきことも見いだす。これは生産コストの重要要素である労働力費用で生産拠点を検討することに疑問を投げかける。

　本書の構成は以下の通りである。第 1 章では本書で考察の対象とする航空機産業の包括的な概観を行う。特殊な産業ゆえに特殊な条件は多いが，その先端技術の結集など無視できない要素は多く，またそこでの戦略は多くの産業への参考となるだろう。次に，第 2 章では競争戦略のうちの重要な要素である戦略的提携について，航空機産業を例にとって検討する。最初に，産業別に自動車産業等他産業の戦略的提携を取り上げ航空機産業との比較を行い，次に米ボーイング社と EU エアバス社の競争戦略を，さらに日本の航空機産業の戦略的提携，ついでその他の国の航空機産業を取り上げて概観する。第 3 章では技術革新の波及効果と戦略的提携への経済学的考察を行う。戦略的提携の競争促進政策との関連を分析し，技術波及効果の戦略的提携への貢献を検討する。第 4 章では特にフラグメンテーション理論を取り上げ，企業の生産工程細分化とそれに伴う分担生産の原理と航空機産業での競争戦略との整合性について検討する。第 5 章ではボーイング社の競争戦略の一つとして戦略的提携を実証する。最初に既に引き渡しの続いている B767 及び B777 の共同開発と共同生産についてその競争戦略を戦略的提携を中心に分析する。次に生産中の新型機 B787 の共同設計と共同戦略についての戦略的提携を分析する。第 6 章ではエアバス社の競争戦略を開発戦略と分担生産という戦略的な提携面から実証する。最初

にエアバスが創設されてから第1期ともいえるA340までの共同生産について分析する。次に第2期として超大型機A380の開発戦略を分析する。さらに開発計画の端緒であるA350についても論及する。本章では環境保全問題に積極的に関与するEUの航空機産業とあり方についても触れる。第7章で第3の航空機メーカーとして躍進するブラジルのエンブラエルをとりあげる。第8章ではエンブラエルの後塵を拝するようになったがそれまで第3の航空機メーカーとして登場したカナダ・ボンバルディアを取り上げる。第9章では日本の航空機産業側から見た戦略提携とその技術波及効果を中心に検討する。まず，日本の航空機産業の特性と問題点について分析する。次に主幹企業としての新型航空機の開発につき戦略的提携の観点から分析する。さらに日本国内に絞って航空機産業の分担生産と下請生産体制をその戦略的提携と技術波及効果の2通りの観点から事例分析を交え検討する。第5章では主幹企業の米ボーイング社側からみたパートナーの基本企業について論じたが，こちらでは日本企業側からの競争戦略を検討するものである。第10章ではこれら以外の国々で特にブラジルとインドネシアの航空機産業を中心にその競争戦略を戦略的提携という切り口から実証する。まず，新興国ながら世界第3位の主幹企業を持つブラジルについてそのエンブラエル社の成功例をその戦略的提携の観点から探る。次に主幹企業を国内で育てようとしたインドネシアを取り上げ，その失敗例を同国国営企業IPTN社の例をあげて分析する。さらに有力な航空機産業国ロシア，カナダを概説し，そのほかに東アジア中国と韓国の航空機産業について記述する。第11章では航空機産業全体を踏まえ進む寡占化について独占禁止政策の観点から問題点を探る。第12章では今やこれら大手企業は民間としてのグローバル企業として君臨するがその過程でたどった国の産業政策と産業育成策の限界を分析する。第13章では市場原理に基づいた競争政策に偏重してきた経営戦略だが，ここにきて環境経営を見直す動きがあることを解説する。第14章では特に新規参入を目指す日本の中型機MRJの現況を見ながら航空機産業の寡占化とマーケティングともはや世界規模となった企業の経営戦略に振り回されながら苦闘する姿をとらえる。最後に15章で航空機産業の周辺産業，エンジン以外の部品産業，整備事業，ファイナンスなどの産業にも触れ本論全体について総括し，新しい産業政策の可能性にも触れながら今後の課題をまと

める。

　なお，本書で用いられるデータは筆者の実務経験時代の取引先関係者からの聞き取り調査を中心に，取引関係に基づく業務知識を加え，また業界団体である日本航空宇宙工業会・日本航空機開発協会，経済産業省等による発表輸出入データを使用している。特に第7章と10章で取り上げるブラジルとインドネシアの航空機メーカーは筆者自身が担当として携わった企業でありその経験を生かしている。

目　　次

初出一覧

第 1 章　産業組織としての航空機産業の特徴
第 2 章　航空機産業における戦略的提携
以上は，『現代経営戦略の展開』林昇一・高橋宏幸編著　中央大学出版部　中央大学
経済研究所研究叢書 53　第 5 章「航空機産業の競争力研究―戦略的提携の観点か
ら―」2011 年 3 月 31 日刊

第 3 章　戦略的提携と技術波及効果の経済学的考察
第 4 章　航空機産業におけるフラグメンテーションのあり方
第 7 章　エンブラエルの競争戦略
第 10 章　その他外国の航空機産業の競争戦略
以上は，博士論文『航空機産業の競争戦略研究―戦略的提携と技術革新を中心に―』
2012 年 2 月

第 5 章　ボーイング社の競争戦略，特に日本企業との提携
「航空機産業における技術革新と競争戦略―ボーイング B767 及び B777 の共同開発と
生産において―」『中央大学研究年報　第 34 号』経済学研究科編　2005 年 2 月 20 日
発行

第 6 章　エアバスの競争戦略
「航空機産業における企業の技術革新と競争戦略について　―エアバスの共同開発・
生産体制（A300 から A340 まで）」『中央大学大学院　論究　Vol.36　No.1』経済学・
商学研究科編　中央大学大学院院生研究機関誌編秋委員会　2004 年 12 月発行

第 8 章　ボンバルディアの競争戦略
書き下ろし

第 9 章　日本における航空機産業の競争戦略
「航空機産業の技術革新と競争戦略　―日本の航空機産業の特性と問題―」『東アジア
経済経営学会誌　第 1 号　東アジア』　2008 年 11 月発行

第 11 章　航空機産業と独占禁止法
「戦略的提携と独占禁止法　―航空機産業の場合―」『中央大学経済研究所年報　第

45 号』中央大学経済研究所　2014 年 9 月 25 日発行

第 12 章　航空機産業と国の産業政策
「「政府と産業育成の関わりの一考察　—ブラジルとインドネシアの航空機産業育成を中心に—」『中央大学経済研究所年報　第 17 号』2015 年 11 月 30 日発行

第 13 章　航空機産業と環境経営
『現代経営戦略の軌跡　—グローバル化の進展と戦略的対応—』高橋宏幸・加治敏雄・丹沢安治編著　中央大学出版部　中央大学経済研究所研究叢書　67　第 13 章「エアバスと EU エアラインの環境経営—地球温暖化防止対策と CSR」2016 年 12 月 30 日発行

第 14 章　中型航空機製造の経営戦略
「中型ジェット機市場と製造クラスター—日本の民間航空機開発・生産における競争戦略　その後—」『経済学論纂第 58 巻第 5・6 合併号』中央大学経済学研究会　2018 年 3 月発行

第 15 章　航空機産業の周辺産業
書き下ろし

第1章

産業組織としての航空機産業の特徴

　国際間の人員の移動および貨物の移動に航空機はもはや欠かせない交通手段
となっており，その航空機を製造する航空機産業も国別の変遷を見れば盛衰等
多くの変動はあるが，世界規模でみると不可欠の産業であることは間違いな
い。本章では航空機産業の特徴を紹介し次章以下の展開の基礎としたい。航空
機産業は第2次世界大戦までは軍事産業の一部としてとらえられてきたが，戦
後は独自の発展を遂げてきた。多くの政府は航空機産業を国の産業政策の重点
産業に位置づけて，保護あるいは育成を試みてきた。この産業政策としての側
面は一部第9章の日本の航空機産業の戦略的提携，第10章のその他の国の航
空機産業のところで若干考察するが，中心命題とすることはしない。なお，本
書で取り上げる航空機は，特に断りのない限り，民間航空機部門を表すものと
する。

1. 寡占の進んだ産業

　日本では機体5社，エンジン3社（いずれも大手）と呼ばれる通り，重複す
る三菱重工業と川崎重工業を合わせて計7社の航空機産業企業が現存するが，
欧米各国ではさらに寡占が進んでいる。EUでは各国1，2社ずつに集約され，
アメリカでも大手民間航空機産業ではボーイング1社，カナダのボンバルディ
ア1社，防衛（軍需）・宇宙産業・部品メーカーを含めても大手7〜10社ほど
に集約されている。図1-1と図1-2の通り，M&Aとグループ化が進み，結果
として極端に寡占の進んだ産業となっている。これだけの企業群で全世界の主
な航空・防衛・宇宙産業の市場をカバーしているのだから規模の経済性を少な

図1-1　欧州航空宇宙産業のM&Aとグループ化

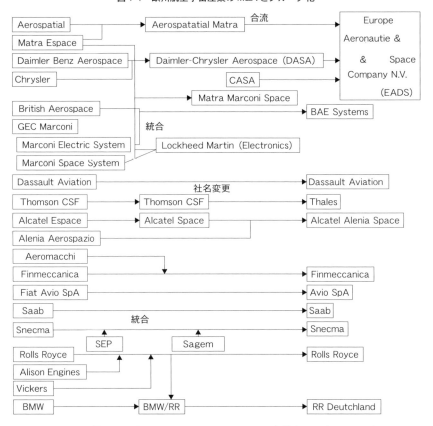

　仏 Aerospatiale 社は 1999 年に Matra Auto Technology と合併を承認され，2007 年にはその Aerospatiale-Matra 社と Daimler Chrysler Aerospace 社（DASA 社）およびスペインの CASA 社が合併し，欧州最大の航空宇宙企業　欧州航空防衛宇宙会社（EADS）が誕生した。Aerospatiale-Matra 社と DASA 社および英国の Marconi Electronic System 社が 3 社の宇宙部門を統合して新会社 Astrium を設立した。

　仏航空機エンジン・メーカーの Snecma 社は Gnome 他数社を統合して 2000 年に設立された公社が起源である。2005 年に Turbomeca 社を買収し，同年一部民営化され，さらに通信電子機器メーカー Sagem 社と合併した。主要航空機エンジンの売上で世界第 5 位である。

　BAE Systems 社　は 1977 年　に British Aircraft 社（BAC），Hawker Siddeley Aviation 社，Hawker Siddeley Dynamics 社，Scottish Aviation 社の 4 社が統合して設立された。1981 年に国有企業民営化の先駆として株式公開した。その後コーポレート・ジェット部門を米 Reytheon に売却，英 GEC 社の防衛部門である Marconi Electronics System を統合して BAE Systems 社となった。

出所：社団法人日本航空宇宙工業会『平成 19 年度版航空宇宙工業』より筆者が作成。

図1-2 アメリカ（USA）航空宇宙産業の主なM&Aとグループ化

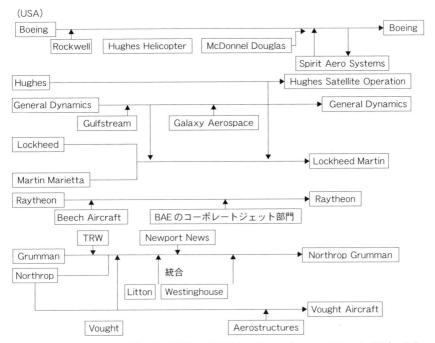

Boeing社は1934年に独占禁止法に抵触して分割されたNorth American Aircraft（当時の名称はRockwell）を統合，ヘリコプター大手のHughes Helicopterを合併，1997年に当時世界第3位の航空機メーカーであったMcDonnell Douglasと統合した。この統合にはEU委員会から独占禁止法域外適用の申請が出されたが，米政府はこれを承認した。

Lockheed MartinはLockheed社とMartin Marietta社が1995年に合併した防衛産業の世界最大の巨大企業である。民間航空機でもL-1011トライスターを開発したが，その後撤退した。

Reytheon社は航空機部門が全体の1/8程度ながら，Beech AircraftをTextronから譲渡され，BAEのコーポレート・ジェット機部門を購入してHawkerシリーズを生産していた。Beechは2006年にカナダのONEX系列に売却している。

Northrop Grumman社はNorthrop社がグラマンの名前で戦前から戦闘機を製作してきたGrumman社を開発費の負担が不可能に陥っていたものを吸収合併した。その後宇宙機器のTRW，電子機器等のLitton，Westinghouseなどを統合して世界第3位の売り上げを持つ防衛産業企業となった。Boeingの民生用航空機構造関係の仕事を傘下に入っていたVoughtの名前を復活してVought Aircraft社として独立させた。

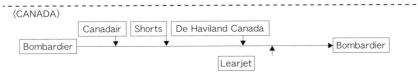

くとも欧米では享受できるように見える。しかしながら莫大な開発費とそれに対する生産量の少なさ、市場の不確実さで防衛等の国家予算で保障されない限り、単独では賄いきれないのが実情である。この開発費の大きさと市場の不確実さから航空機産業を中心に提携は中心命題となっている。しかしながらすでに高度な寡占状態であるためにこれ以上のM&A、ジョイント・ベンチャー等資本を含んでの提携は独占禁止法との兼ね合いで難しい。また防衛産業さらに宇宙産業としても密接に重複しているので防衛上、安全保障上からもM&A、ジョイント・ベンチャー等の資本を含んでの提携はさらに難しい状況にある。

2.　規制された産業

　日本の航空機産業においては戦後7年間航空機の製造、研究、開発が禁止された。この間欧米では現在の航空機産業のプレイヤーである主要な企業の基礎が築かれた。日本の航空機産業はこの間のブランクの間に自動車・電機等他の産業に人材と技術が拡散し自動車産業等の発展を呼んだが、その後の再開には国内政策としての企業育成が必要であった。これに欧米企業のライセンス生産とオーバーホールに始まるサービス事業をあてがったのである。

　これまでの産業政策は第12章を参照願う。一方、第10章で取り上げるインドネシアIPTN社は政府の産業政策で勃興し、同じく衰退をしたことは間違いがない。ただ、同じく第7章で取り上げるブラジル・エンブラエル社の興隆は国の産業政策の結果ともいえる。下記表1-1に示す日本の産業政策にどちらかといえば近く、インドネシアの場合のように国家予算をつぎ込んで幼稚産業を育て上げようとしたのではない。もともと独自の技術力を持っていた国営企業を民営化し他国を含めた産業資本との提携を進めることにより競争力を高めたものである。

表 1-1　日本の航空機産業と産業政策

年号	歴史上の出来事	事項	航空機産業従業員人口（人）
1945	終戦	終戦により航空機の生産・研究が中止，四散した技術者は他産業に浸透。	1,000,000（想定）
1952	サンフランシスコ講和条約締結	政府の許可条件で生産と研究が再開米軍機のオーバーホールを始める。（昭和飛行機，川崎重工業から）	
1954	防衛庁設置	防衛庁機のライセンス生産が始まる	
1958	国内開発始まる	富士重工業が T-1 ジェット練習機を試作。	18,249
1962	民間航空機生産はじまる	日本航空機製造 YS11 の生産開始（1972 までに 182 機生産）	20,715
1963	民間小型機の開発生産開始	三菱重工業 MU-2 生産開始（1987 までに 757 機生産）	22,238
1978	民間ビジネスジェット生産開始。	三菱重工業 MU-300 生産開始（700 機生産，防衛庁支援機を含む）	25,398
1981	ボーイングとの共同生産参画	B767 の共同生産に参画，日本側分担率 15%（現在まで生産中）	
1995	同上進展	B777 の共同生産に参画，日本側分担比率 21%（現在も生産中）	27,311
2009	同上さらに進展	B787 の共同生産本格化，日本の分担比率 35%（現在生産中）	24,727

注：現在は他にエアバス，ボンバルディア，エンブラエルとも共同生産に参画中。
　　第 2 次世界大戦後，連合国の指導で日本の航空機産業は停止した。戦後の航空機産業の再開は米軍機のオーバーホールから始まった。1952 年にサンフランシスコ講和条約締結後防衛庁機のライセンス生産が本格化した。独自生産は 1962 年の日本航空機製造による YS11 設計・生産を待つことになる。ただし，この機は戦後 10 年あまりの空白期間の影響で国際競争力は弱く，182 機で生産中止となる。その後日本の航空機産業は主にボーイング社との共同生産参画に従事することになる。
出所：社団法人日本航空宇宙工業会「平成 21 年度版日本の航空機産業」より筆者が作成。

3. 防衛産業・宇宙産業との比較

　航空機産業に属する企業は日本ばかりではなく，欧米でも防衛産業と宇宙産業にも参入している企業が多い。ボーイングとのパートナーである三菱重工業・川崎重工業・富士重工業・新明和・日本飛行機はもとよりエンジンでの日本側有力メーカーである IHI も防衛産業・宇宙産業に於ける有力企業である。

表1-2　主要航空機生産国の経済・産業状況比較（平成21年/2009年）

	単位	日本	アメリカ	イギリス	ドイツ	フランス	イタリア	スペイン	カナダ	ロシア	中国	韓国	インドネシア	ブラジル
国内総生産*1	米億ドル	50,681	142,563	21,745	33,467	26,493	21,128	15,944 (2008)	13,361	12,291	49,090	8,329	5,403	15,740
国防支出費*2	〃	510	6,610	583	456	639	358	183	192	533	1,004	241	48	361
◇航空宇宙工業生産額*3	〃	145	1,888	329	329	462		111	194	—	—	20	—	71
輸出額*4	〃	5,808	10,569	3,505	11,262	4,828	4,040	2,198	3,233	3,018	12,017	3,635	1,165	1,530
輸入額*4	〃	5,523	15,581	4,780	9,271	5,576	4,110	2,896	3,275	1,675	10,056	3,231	969	1,276
総就業者数*5	千人	63,650	145,326	29,475	38,734	25,913	23,405	20,258	17,126	70,965	774,800	23,577	102,553	90,786
製造業従業員数*5	〃	11,740	15,904	3,547	8,516	3,877	4,805	3,060	2,041	11,663	—	3,963	12,549	13,105
◇航空宇宙工業従業員数	〃	32	565	100	94	144	—	40	83	—	—	10	2	27
平均対米ドル為替レート	〃	93.61	1.00	0.6414	0.7198	0.7198	0.7198	0.7198	1.1420	31.7772	6.8311	1,277.27	10,384.2	2.0008
〃		(J.¥)	(US$)	(S.£)	(E.€)	(€)	(€)	(€)	(C.$)	(Ruble)	(元)	(Won)	(Rupiah)	(Real)

注：＊1　ジェトロ海外情報ファイル。
　　＊2　SIPRI (Military Expenditure)
　　＊3　（日本）経済産業省機械統計値＆宇宙産業データブック，（各国）工業のAnnual report, Facts & Figures等，ブラジルは2008年。
　　＊4　ジェトロ海外情報ファイル。
　　＊5　International Labor Office (ILO) Yearly data, ブラジルは2007年，その他は2008年。

出所：日本航空宇宙工業会平成23年6月データベースより筆者が作成。

アメリカでもマクダネル・ダグラスやロッキード（現ロッキード・マーチン）は民間航空機部門からはすでに撤退したが，防衛産業ではいまだに巨大産業の一角を担っている。EU でもエアバスは民間航空機が主体だが，親会社のEADS（European Aeronautic Defense and Space Company N.V）はその名のとおり防衛・宇宙産業部門を併設している。防衛予算が限られている日本を除き，欧米では航空機産業は防衛産業との合算で規模の経済性がある程度見込まれている。下記が国内総生産・国防支出・航空機産業の売上高・同従業員数の表である。各国とも航空機産業の売り上げは国防支出（予算）の大きさとほぼ比例している。この中でカナダ・ブラジルが国防支出の少ない割に航空機産業の売り上げが大きいことに注目したい。これは両国がそれぞれボンバルディア・エンブラエルという中型旅客機メーカーを保有していることが大きな要因と思われる。イタリアが GDP の大きさの割に英・仏と比べて日本とほとんど同じ程度の数値しか出していないのは日・イ両国がボーイング・エアバス（一部）への販売（実質下請け）に依存しているものと思われる。GDP が小さくともカナダ・ブラジルのような主幹企業を持つ国の産業規模は比較的大きい。

4.　膨大な開発費と部品点数

　本章で取り上げる中型・大型旅客機は新型機の設計には膨大な開発費がかかる。これは新技術の採用が航空機の販売戦略の大きな条件となっていること，三次元 CAD などの活用で実機を試作する回数は大幅に減ったがそれでも飛行安全基準をクリアするためには多くの実験が必要なこと，環境等最近の規制要素が高度化，複雑・多様化していることなどから開発に多くの時間と人員を割かれることが主因である。たとえば，現在最も多くの機数が就役しているボーイング B737 クラスの開発費用は 4,000 億円から 6,000 億円といわれる。自動車ではトヨタ・カローラクラスで 300 億円といわれる。一方で生産台数がB737 でせいぜい 2,000～3,000 機であるのに対し，トヨタカローラは 2005 年の時点で 3,000 万台を突破したとされ，モデルチェンジが行われているにせよ比較にはならない。よって，この膨大な開発費を軽減するために共同生産等の方

策は避けられないのである。ところが部品点数はB737クラスの3,000,000点に比べ自動車では30,000点程度でこの部品点数の大きさ自体はそのまますそ野の広さにつながる。航空機産業は自動車よりも多種の技術の結集が不可欠な産業である。たとえば単純な例をあげると自動車では必要のない「空を飛ぶ」技術が必要である。また環境基準も世界の空が共通であることから騒音・排出ガス規制はいち早く世界共通になっている。これらの点からもすそ野が広い産業であることは間違いない。ただ，産業自体は単体として大きくなく産業内部だけで十分な雇用を確保しさらに開発費をかけていくのは難しい産業であることも事実である。

5. 技術革新の賜物

　航空機産業では新型機の開発には技術革新の成果が欠かせない。これはかねてからボーイング，マクダネル・ダグラス，ロッキード，エアバス間での激しい競争がおこなわれてきたからであるが，特にこれはボーイングとエアバスの2大メーカー間での複占的競争状態になってからでも顕著である。ボーイングは戦後すぐからプロペラ機時代からの航空機メーカーであるが，エアバスは1960年代からの参入でボーイング機との差別化を顕著にするためにコンピューター制御を進めた。この時から新機種にはすべて革新的な技術が盛り込まれるようになった。この経緯は第5章と第6章に詳しい。そしてその革新的技術の体得がエアバス・ボーイングだけではなく，それぞれパートナー会社群にもひろく求められるようになっていった。航空機産業はすぐれて技術誘導型な産業である。

6. 航空機産業の必然性

　本章の最後に，航空機産業の社会に与える影響力の大きさをあえてとりあげておく。すなわち，長距離の貨客の輸送手段として航空機はもはや欠くことの

表1-3　ボーイング・エアバスのおもな技術革新

新型機の技術革新内容	獲得会社名・機種	対抗会社・機種	トピックス
2人乗務の実現	ボーイング B767	(エアバス A300)	機種別販売逆転
コンピューター制御の操縦	エアバス A320	(ボーイング B737)	総受注逆転
3次元 CAD による設計採用	ボーイング B777	(エアバス A330)	総受注再逆転
2機種同時設計	エアバス A330/340	(ボーイング B767)	初の4発機
超大型機の実現	エアバス A380	ボーイング B747	牙城を奪う
省エネ・静粛型エンジンの実現	ボーイング B787	エアバス A350	A350 は未飛行
カンバン方式の採用	ボーイング B787	(エアバス A350)	B787 納期遅延

注：上記は市場占有率に大きな影響を与えた明確な例のみをピックアップしたが，機体重量
　　削減のための炭素繊維の利用や大＋型エンジンの開発で4発でなければ運航できなかった
　　路線への双発機での運航による燃料費削減，低騒音エンジンの開発による環境配慮対応な
　　ど枚挙にいとまがない。
出所：筆者作成。

図1-3　世界の航空旅客需要予測

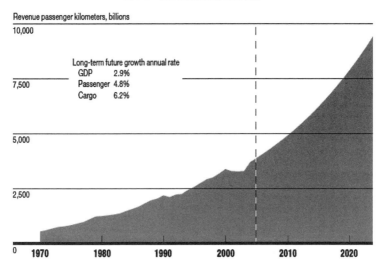

注：1970年代から2000前後の9.11同時多発テロに伴う低迷期を除き，航空輸送は一貫
　　して増加している。将来的にも LCC 航空会社の攻勢でさらにこの予測伸張率は上回
　　る可能性が高い。
出所：Boeing 2005　Web　Page より筆者が一部加工。

できない存在になっている。航空機の高速化，快適化，さらに環境への配慮は社会に与える大きさは計り知れない。これが宇宙産業・防衛産業との違いである。宇宙ロケットの速度が上がっても，戦闘機の能力が上がっても，その社会全体に与える影響力は航空機の技術革新に比べることはできない。

　また，輸送手段として陸上の自動車・鉄道，海上の船舶と並ぶ重要不可欠な手段となっていることは否定の余地がない。輸送は経済活動の最重要要素の一つであり，その社会全体への影響は計り知れない。下記はボーイング社の航空客需要予測だが世界全体のGDP成長を2.9％とすると旅客で4.8％，貨物で6.2％の増加を予測している。成長率予測はともかく今後増え続ける旅客・貨物輸送手段であることは間違いがない。その需要を満たすためにも現在の生産能力を維持するだけではなく，新規参入を含めて産業として拡大してゆかねばならないことには疑問の余地はない。

7.　厳しい品質基準と高い参入障壁

　航空機は生産において非常に厳しい基準が設けられている。これは本来事故の際の補償問題から発生しているが，現在では参入障壁の高さにつながっている。しかしながら，この基準を下げることは航空機の命を乗せる重要な使命を逸脱することになりかねないので不可能である。

7.1　航空機耐空証明

　航空機の運航では高い安全基準を求める必要から政府による厳格な監督規制がなされている。下記が国土交通省による「耐空証明認証制度」だが各国とも同様の基準を求めている。これは新たな機種に新しい証明をうけるための仕組みだが，個別の航空機にも同様の証明が必要で1年間有効。

図 1-4　航空機の耐空証明制度解説

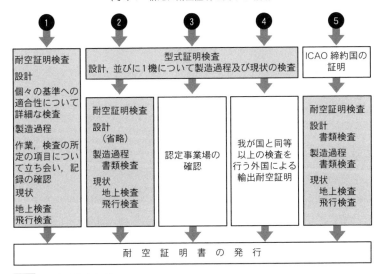

航空機の耐空証明制度のしくみ
(その 1：新たに耐空証明を受ける場合)

注：耐空証明の認証方式は各国毎にその国の航空当局が独自基準を定めているが世界
　　的にはアメリカ連邦航空局（Federal Aviation Association,USA, FAA）とヨーロッ
　　パ航空局（JAA）が二大当局で世界の航空局はこの二大航空当局の基準に従って
　　いる。この航空当局の世界的な政治力はそのまま航空機メーカーの市場支配力に連
　　なっている。
出所：国土交通省の Web Page から。

7.2　品質マネジメント

　航空機製造産業では生産現場の品質管理でも非常に高い安全性を確保するた
め非常に厳格な品質管理基準と認証取得の困難性があげられる（海上 2011）。
主な航空宇宙関係企業が設立した「国際航空宇宙品質グループ（International
Aerospace Quality Group, IAQG）」が「国際宇宙品質マネジメント・システ
ムの国際統一規格（IAQG9100）」を制定し，日本でも同様の JIS Q 9100（品
質マネジメントシステムに関する日本規格）が企画されており，米国の
AS9100，欧州の EN9100 と相互承認されている。また特殊工程には「Nadcap

(National Aerospace and Defense Contractors Accerediation Program) が制定されており航空機メーカーに代わって検査を受けることが義務づけられている。さらに航空機メーカー（プライム・コントラクター）や主な機器メーカー（Tier-1企業）にはこれ以上の独自基準を求めている例は多い。

　これらは事故の場合の被害の大きさを考えた安全基準である。しかしながらこのような厳しい品質基準は結果として高い参入障壁となっていることは否めない。

8.　アフター・マーケット・ビジネス

　航空機産業では新規納入だけではなく，そのライフ期間中のアフター・マーケット・ビジネスを視野に入れる必要がある。杉浦（2005）によると「航空機の運行に必要な費用は，乗員の人件費，着陸料，空港管制にかかる費用，燃料費，整備費等がある。ボーイングはこれらを総称してCAROC（Cash Airplane Related Operation Cost）と定義づけ航空機の経済性の指標としている。ところが，日本の航空機産業には航空機の機種としてプライム・コントラクターとして生産している航空機は皆無でこのアフター・マーケット・ビジネスに参入するのは容易ではない。国際共同開発であっても就航後のプロダクト・サポートはType Certificate Holder（型式証明保持者）である欧米のメーカーが握っており日本航空機産業は航空会社と直接接することができない仕組み（契約）になっている（同上，杉浦2005）。この現状を打開する一つの戦略は「日本での航空機産業と航空会社の共同分科会の実施」と杉浦（2005）は提案している。またMRJとホンダ・ジェットでプライム・コントラクターに参入できれば次は主要部品であるエンジンのプライム・コントラクターを目指すこととしている。エンジンのプライム・コントラクター化は近いかもしれない。エンジン業界は大手3社（P&W, GE, R&R）の寡占（海上2011）とはいえ，欧米との共同開発で共同生産会社設立は増えており，IAE, Engine Alliance等ではIHI，三菱重工等日本メーカーのプレゼンスは高まっており，航空機よりも「航空機エンジンは日本メーカーのおかげでできている」いって

よい。これらの技術的アドバンテージとアメリカ FAA，欧州 JAA の航空当局への発言力で型式証明取得時のプレゼンスを高める必要がある。

9. 航空機ファイナンスと国際協力

　航空機ファイナンスの詳細についてはここでは触れない。しかし過去の時点では航空機ファイナンスでの日本企業の占める発言力は圧倒的であった。これは① 当時の日本の金利が安く安価な資金の調達が簡単であったこと。② 現在主流のオペレーティング・リースに加え当時の日本の税制上有利であったファイナンス・リースに圧倒的な強みがあったためといわれる。MRJ の販売をバックアップするためにもファイナンスは大きな要素を占めるようになることは間違いない。事実，現在 MRJ を 2 番目に 100 機発注したトランス・ステーツ・ホールディングス（TSH）はセントルイス拠点のリージョナル・エアラインで米大手航空会社の接続路線を運航する航空会社であり日本からの有利な航空機リースを見込んでの発注であることは想像に難くない。航空機は商品として高価で耐久年数の長い製品であるから現金で購入する性質の資産ではなく，長期借入金やリースを含めたファイナンスを考慮して購入・販売していくべき製品である。この状況でも電機や電子機器等の大衆消費財と異なり，また一般ユーザーが市場を支配する自動車とも一線を画する産業の成り立ちを持つ。比較的船舶に近い産業構造を持つ。

　単に商業ファイナンスの問題だけではない。発展途上国または中進国への技術援助を含めた国際協力の視点からも重要な産業となる。たとえば従来のODA の代わりに新興国に MRJ またはホンダ・ジェットまたは新明和 US-2 等を有利なローンまたは無償で供与することも一つの経済協力と考えられる。発展途上国に生産工程を移すことは当国での雇用拡大と独自産業の育成につながる。日本から無償・有償で完成品を輸出する，または設備・施設を有償で建設して当国に援助する国際協力はもはや限界が見えている。今後は当該国のパートナーまたは当該国に工場を建設して現地生産体制を拡充することでの援助が大いに検討・推進されるべきである。

　これらの問題は会計上の問題点と開発政策上の問題点を多く抱えるので本稿でのさらなる言及は避ける[1]。

小括

以上から航空機産業の特徴をまとめると，

➢　高度寡占産業

➢　規制された産業

➢　生産高の割に開発費の大きな産業

➢　高度な技術インセンティブ産業

➢　防衛・宇宙産業との深い関係

➢　社会全体に与える影響力の大きな産業

➢　参入障壁の高い産業

➢　ファイナンスと国際協力の必要性

などがあげられる。

　これらの点から航空機産業は非常に特異で偏った産業ではあるが，その高度な技術革力は無視できず，また交通手段としてますます必要性・普遍性は高まるだけでなく，革新性に富み，他産業への豊富な応用例も多いことから分析対象とすることは十分に有意義であると考えられる。

　また，戦略的提携という観点からみると航空機産業の提携は永続的な提携を指向するという特徴がある。すなわちボーイングであれば例えばB767という機種の後部胴外板と貨物扉はマイナーチェンジがあっても担当部位メーカーは三菱重工業で基本的には変更しないという分担生産方式をとる。通常この機種は30～40年生産を続けるのでこの間のパートナー関係は大きく変わらない。いったんパートナーとして受け入れられると継続的な寄与が求められるのである。この意味でも，戦略的な提携関係の研究対象としては決して機会主義的で

1　その後，防衛省は新明和US-2の詳細仕様公表を了承する由を公表した。現在インドとブルネイが消防飛行艇用に購入を検討していることが報じられ，今後，有償・無償を問わず，海外に販路を求められる可能性が出てきた（日本経済新聞 2011年7月2日付）。

はなく，永続的な提携を指向する典型的な産業の一つといえる。

第2章

航空機産業における戦略的提携

　本章では，戦略的提携を産業別に日本の主要産業である自動車，電機と造船，防衛産業・宇宙産業における実態を分析する。このうち，防衛産業，宇宙産業は航空機産業に比較的近いとされる。最後に航空機産業における提携との比較を試みる。自動車，電機産業では伝統的提携はすでに普及している。ただしそれが戦略的提携にまで至っているかは疑問である。

　生産工程において産業間で提携・下請・自社生産・子会社生産等様々な分担生産が行われている。提携に絞っても下請けにちかい受注生産から買収・統合を経た子会社調達まで多様である。ここではバイイング・パワーが大きすぎず，また過度の寡占を招かないことから注目すべき戦略的提携を取り上げ，それがどの程度まで進んでいるかをいくつかの産業を例に論評したい。産業は日本の代表的輸出産業である，言い換えれば国際的競争力のある自動車と電機，および航空機産業と比較的類似点の多い造船，防衛，宇宙産業を概観し，戦略的提携の進捗を検討したい。

1.　航空機産業以外の産業別戦略的提携

1.1　自動車産業での戦略的提携

　自動車産業を題材にした提携を踏まえた競争戦略は多く発表されている。日本の自動車産業の自動車メーカー（主幹会社）と部品メーカーの関係では，自動車メーカーは各部品を平均約3社の部品メーカーから購入しており，また部品メーカーも平均3社の自動車メーカーに納入しており，いわば緩やかなネッ

トワーク型のシステムとなっている。自動車メーカーは複数の部品メーカー間の競争を促すことにより，サプライヤーの設計品質，コスト，製造品質を向上させている（藤本・武石 1994）。

　また新車向けの部品の設計開発で部品メーカーが分担する役割は，① 開発は自動車メーカーが詳細設計までを含めてすべて行い，部品メーカーは与えられた設計図をもとに生産だけ行う貸与図法式，② 基本的な仕様（性能，機能，外形寸法，重量，隣接する部品との接合仕様，コスト，耐久性など）は自動車メーカーが決定，提示し，それに基づいてサプライヤーが詳細設計を行う承認図方式，③ 仕様設定を含めた開発，そして④ 生産も部品メーカーが行い，自動車メーカーはそれを購入するだけの市販品方式があるとされる。いわゆる「ケイレツ」[1] に含まれるのはほとんどが① か② である。ただし，そうではあっても日本のケイレツ・システムでは欧米のサプライヤーがより大きな役割を分担している（Clark and Fujimoto 1991）。開発のプロセスで目標として設定した個別部品の想定価格を達成するために設計を見直す Value Engineering を積極的に取りいれたのも日本のケイレツ自動車メーカーであった（Nishiguchi 1994）。このいわゆる自動車産業のケイレツと呼ばれる一種の提携であるサプライヤーシステムは多くの例（武石 2003）他で報告されている。いずれも安定した仕事量の確保，生産設備の拡充支援，特殊仕様の指定等で提携関係を深めている。この中でも特に仕事量の確保という元請からのわかりやすいインセンティブを取っているのが特徴である。すなわち，他に新たな提携先を求めなくてもよいだけの発注を確保しないと提携関係が危うくなる。自動車産業は産出量の増加で提携関係を強固にしている産業である。生産台数が右肩上がりで上昇しつづけている産業でこそ受け入れられる提携関係である。一方で，日産のように系列の整理（解除）という策をとることにより，戦略としての提携が危うくなるケースもみられる。これは仕事の確保という規模の経済性を放棄したことに伴う提携の危うさを象徴しているのではないだろうか。このようなゆるいネットワーク型システムで強力なケイレツという提携を維持できるのは主幹会社たる自動車メーカーの仕事量の確保という強力なインセン

1　日本の自動車産業における組み立てメーカーと部品メーカーの長期的・非公式または公式の垂直関係を「ケイレツ（keiretu）」と呼ぶ。

ティブによるものである。

1.2　電機産業での戦略的提携

　電機産業でも多くの系列化の戦略的提携が報告されている。この産業でも基本は「仕事量の確保」が系列をつなぐ点では大きな違いはない。半導体を始めとしてサイクルが短い製品が多く，製造設備の更新が大きな課題となる。ここでも規模の経済性が働き，製造設備の更新には生産量の確保という条件が付きまとう。多くの企業の撤退と残された大手企業による寡占化が進み，残留した企業には必然的に仕事量の増大という規模の経済が働いている。電機産業では自動車のケイレツ化のような強力な提携関係は確立されていないが，そのまま仕事量を確保できないと提携を解消されるという危うさは散見される。つまり，（安田 2006，図2-1参照）によると電機産業は，以下の点から規模の経済性を追求していく。

①　同業界の企業が同種の経営資源を交換して規模の経済効果を享受（第1象限）
②　異なる業界が同種の経営資源を交換して規模の経済効果を狙う（第2象限）
③　異なる業界のパートナーと異種の経営資源を交換する（第3象限）
④　同じ業界にいるパートナーと異種の経営資源を交換する（第4象限）

　また電機産業では多くの場合一つの，またはいくつかの限られた製品についての提携に終わり，その分野での継続的取引に寄与しているとは言い難い。また，主幹企業の立場も自動車ほど強く主導的な立場であるとは言い難い。本来，戦略的提携では継続的にその分野での寄与を目指していたはずである。主幹企業という言い方もなかなか電機産業では通用しにくい。単にブランドといった方が通りはいいかもしれない。主幹企業（電機産業ではブランド）とソフトウェアを含む主要部品メーカーが機種ごとに交替し，またさらには主導権さえも交替してしまうことが電機産業では不思議ではなくなっている。

　電機産業では急速な技術革新に伴いプレイヤーの盛衰が激しく，10年も提携関係が続くことはまれである。自動車産業以上にパートナーの入れ替わりが

図 2-1　提携の戦略的背景

	第4（機能分担）象限	第3（顧客統合）象限
非対称的提携	・補完による価値創造 ・特定機能に特化 ・新市場への進出	・顧客ニーズの取り込み ・顧客社内市場の獲得 ・優遇供給条件からの受益
対照的提携	第1（規模追求）象限 ・規模の追求 ・投資の継続 ・最先端技術の開発	第2（能力補完）象限 ・顧客の一体化 ・異なる技術の融合 ・サプライヤーとの技術連携
	水平的提携	垂直的提携

注：安田（2006）では戦略的提携をアライアンス・マトリックスというフ
　　レームワーク（上記）を使い，非対称的提携か，対照的提携，機能分担的
　　提携（水平的提携）か顧客統合的提携（垂直的提携）で4象限に分類して
　　説明している。これにより戦略的提携によりどのような経営資源を手に入
　　れようとしているかを明確に説明している。
出所：安田洋史（2006）より筆者作成。

激しく，ケイレツ関係も育っていないのではないかと思われる。各企業にとっ
ても，生産ラインの変更・改廃は比較的簡単で提携の締結・解消に応じるのは
容易である。このような産業ではなかなか戦略的な提携は育ちにくい。また戦
略的提携が持続することは少ない。

1.3　造船産業における戦略的提携

　造船業でも系列化が進んでいる。この系列化は上記自動車のケイレツより緩
く，下請は複数の元請けを持っている。日本のライバルである韓国の造船業は
コスト削減を図り，一気に世界の頂点まで上り詰めた。しかし，日本の造船業
がその後も韓国の大手造船業に対抗できる理由として系列下請けメーカーの存
在があげられる。日本の造船業では鋼材から小さな部品までもそのほとんどが
日本製品でまかなえる構造となっている。価格の面で安価な中国製等に押され
る部品もあるがそれでも日本でできない部品はない。一方，韓国の造船業はい
まだに日本からのエンジン等主要部品の輸入なくしては生産できない。ただ，
それでも韓国はその規模の経済性を有効活用し，仕事量の確保は行っているの
で日本からの部品輸入が停止することはない。仕事量の増大という規模の経済

性の応用で提携を維持している産業の代表例といえる。一方で日本国内の造船業では既に部品・下請けメーカーも寡占化が進んでいる。多くの部品・下請けメーカーは1ないし2社の造船所としか提携をしていないのが現状である。こちらは部品メーカー・下請けメーカーが度重なる不況の余波を受け撤退または破たんしてしまった企業が多く、残っている企業自体が限られているのも実情である。一時は日本の造船所も海外サプライヤーとの提携を図ったが、その提携先の韓国・中国のおひざ元の造船業が伸びて、日本の造船所への供給が危うくなってきたのである。これ以上の部品・下請けメーカーの減少は日本の造船業の死活問題である。

　造船業は三菱重工業、川崎重工業、IHIなど一部では航空機産業と企業が重複している。ただし、三菱重工業を除いて川崎重工業もIHIも造船所は川崎造船、IHIマリンユナイテッド（IHIMU）と、メーカー本体とは別の造船会社にして経営の分離を試みている。これは造船業という同じ輸送機器産業ながら航空機産業とはあまりに業務形態の異なる産業を同社内に保有する不自然さを改善するためである。造船業は受注から納入まで時間がかかり、景気変動・為替変動の影響を受けやすい。造船業における提携は航空機よりもむしろ自動車のケイレツに近い関係といえる。ただ、自動車ほど主幹会社の影響力は少なく、パートナー会社への保護・育成も厚くないのが実情である。エンジンメーカーなど寡占状態の上にほとんど競争相手にいない企業もあるが、これらの企業は造船業自体の生産高が限られているために圧倒的な支配力を持たない。世界最大の韓国現代重工業、日本の上位三菱重工業、今治造船なども絶対的支配力はない。むしろ、どちらかといえばユーザーである大手海運会社の支配力が強い傾向がある。日本の海運会社に競争力があり、安定的である限り日本の造船業は縮小することはあっても消滅することはないだろう。

　日本の海運業は石油ショック後の大型再編のおかげで大手3社（日本郵船、商船三井、川崎汽船）となってしまい過度に集約されているので競争力がある。世界トップの時代は終焉したがトップクラスには依然位置している。これらの大手海運会社が1990年代頃までは船舶を日本の造船所で建造していた。このころまでは日本の造船業もタンカーなど大型船舶はそろそろ韓国勢に追い越されてきたがLPG輸送船、LNG輸送船、自動車運搬船などを中心に技術力

でも世界一であった。ところが 2000 年ころから現代重工業をはじめとする韓国造船業の旺盛な設備投資と技術開発力，さらに爆発的に進展した中国海運業との競争で日本の海運業も日本での造船にこだわっていられなくなっている。一方で，技術力で勝っていた大手造船所に代わり，価格と納期で成長してきた今治造船，名村造船，常石造船，大島造船等の旧中手造船所が受注量を増やし，結果として韓国・中国との競争に追随できている。

1.4　防衛産業と宇宙産業の戦略的提携

　防衛産業の戦略的提携は非常に特殊である。防衛産業には海外市場がない。顧客が防衛省に限定されているため防衛予算に完全に限定されている。この中でさらに限定的な戦略的提携は営まれている。防衛予算の中でも特に多くを占める航空関係予算に限定するとまず幹事会社（製造会社）制度が特徴である。これは防衛予算の額が大きいアメリカ・欧州でも同様の制度だが，案件ごとに入札などで幹事会社が決まる。そしてその幹事会社ごとにそれぞれ得意分野を持つパートナー企業（協力会社）または一次・二次下請けが決まっていく。この意味では自動車産業のケイレツに似ている。航空産業では三菱重工業を筆頭に航空機体 5 社（三菱重工業・川崎重工業・富士重工業・新明和・日本飛行機）と IHI などのエンジンメーカー，さらに通信・情報の三菱電機・NEC・東芝・日立・富士通等が幹事会社となる。いずれもある案件では機体メーカーが幹事会社になり，そのパートナーに機体メーカーまたは電機産業，またはエンジンメーカー等がなることもある。下記に国産航空機開発生産状況を示す。この他にライセンス生産された航空機がある。

　宇宙産業も防衛産業に似た特徴はある。こちらは現在の顧客が文部科学省と経済産業省にほぼ限定されている。日本の宇宙産業の特色は平成 20 年度までは防衛向けの需要がほとんどなかったことである。また昭和 42 年度までは東京大学をはじめとする文部科学省の科学振興予算しかなかった。昭和 44 年度に宇宙開発事業団（宇宙開発事業機構 JAXA の前身）が設立されて予算が伸びたが，世界各国とはまだ大きな開きがあった。しかしながら平成 20 年に宇宙開発戦略本部が設立され平成 21 年に宇宙基本計画が決定されると同時に防

表 2-1　国産機開発・生産状況

納入開始年度	機種	機別	用途	開発/製造	生産機数	備考
昭23	KAL1/2	ピストン機	連絡練習機	川崎重工業	4	
29	KAT	ピストン機	連絡練習機	川崎重工業	2	
31	LM1	ピストン機	連絡練習機	富士重工業	27	
33	KM2	ピストン機	連絡練習機	富士重工業	66	TL-1 2機を含む
35	T1	ジェット機	練習機	富士重工業	66	
37	KH4	ヘリコプター	汎用機	川崎重工業	203	
39	YS11	ターボプロップ機	輸送機	NAMC	182	
41	MU2	ターボプロップ機	ビジネス機	三菱重工業		
42	FA200	ピストン機	軽飛行機	富士重工業	299	
43	PS1	ターボプロップ機	対潜飛行艇	新明和工業	23	
44	PS2J	ターボプロップ機	対潜哨戒機	川崎重工業	33	
45	C1	ジェット機	輸送機	NAMC/川崎重工	31	
46	T2	ジェット機	高等練習機	三菱重工業	96	
49	US1/1A	ターボプロップ機	救難飛行艇	新明和工業	20	
50	FA300	ピストン機	ビジネス機	富士重工業	47	FUJI-700/710型
52	F1	ジェット機	支援戦闘機	三菱重工業	77	
52	T3	ピストン機	初等練習機	富士重工業	50	
55	MU300	ジェット機	ビジネス機	三菱重工業	103	
55	YX/767	ジェット機	輸送機	JADC/CAC	994	ボーイングとの共同開発
57	BK117	ヘリコプター	多用途ヘリ	川崎重工業	848	ECDとの共同開発
60	T4	ジェット機	中等練習機	川崎重工業	212	
63	T5	ターボプロップ機	初等練習機	富士重工業	47	
平成6	B777	ジェット機	輸送機	JADC/CAC	919	ボーイングとの共同開発
7	XF2	ジェット機	支援戦闘機	三菱重工業	4	
7	205B	ヘリコプター	多用途ヘリ	富士重工業	2	ベルとの共同開発
8	US2	ターボプロップ機	救難飛行艇	新明和工業	4	US-1Aの改造開発
9	OH1	ヘリコプター	観測ヘリ	川崎重工業	30	
11	MH2000	ヘリコプター	多用途ヘリ	三菱重工業	7	
12	F2	ジェット機	支援戦闘機	三菱重工業	87	
14	T7	ターボプロップ機	初等練習機	富士重工業	49	T-3後継機

NAMC：日本航空機製造　　JADC：日本航空機開発協会　　CAC：民間航空機株式会社
ECD：ユーロコプター

注：戦後の川崎重工業による米軍機オーバーホールに伴う始まる航空機開発で昭和20年代はほとんどが練習機の開発であった。本格的な民間機開発は昭和39年の日本航空機製造によるYS11開発を待たねばならなかった。YS11の生産中止後はボーイングとのB767-B777-B787共同開発以外はほとんどがライセンス生産であった。

　　この中で特筆すべきは昭和55年からの三菱重工業によるMU-300ビジネス・ジェット機開発である。開発後のアメリカ連邦航空局（FAA）の耐空証明所得に不本意な書類・データ提出を求められ，必要以上の年月をかけてしまったが最終的には100機以上の販売を達成し，同社の技術開発力の高さを証明した。ところがこの機種は三菱が売却後アメリカBeechcraftへの売却後Hawker400XPなどと名称を変え，販売を続けている。

出所：日本航空宇宙工業会　航空宇宙データベース　平成23年6月より筆者作成。

衛省も宇宙開発関連予算を使えるようになり，輸送系（ロケット）以外に人工衛星の利活用が，放送系，通信系，科学衛星と用途が増え，漸く宇宙産業として自立できる見通しがついてきた。さらに経済産業省系・防衛省予算に拡大されると宇宙工業として自立できると戦略的提携の枠組みが海外企業とも提携しより競争力のあるものとなることは間違いなくなってきた。巻末に資料として現在は実験段階の商業衛星技術試験衛星の実態を示す（[参考] 4〜5）。この様な衛星通信放送関連会社等を含む商業衛星関連事業が本格化すると宇宙工業または宇宙産業として自立できることになる。その時には衛星打ち上げ会社，衛星製作メーカー，衛星保有会社，衛星利用会社などの戦略的提携が重要な競争戦略となってくる。

2. 航空機産業の戦略的提携

　航空機産業では戦略的提携が重要な競争戦略となっている。特にボーイング・エアバスのような大型旅客機メーカーでは戦略的提携で有力なパートナーを提携内につなぎとめておくことが航空機生産の必要条件となっている。ボーイング・エアバスだけではなく航空機産業では特に中型機以上の機体生産で戦略的提携が一般化している。ボーイングの主幹企業ボーイング中心の分担生産に比べ，エアバスは EU の航空機産業の連携から開始したのでやや独立性は重んじられている。エアバスでは設立当初の仏・独・英共同設計・共同生産体制から複合多国籍企業「EADS」の設立へと EU 内での統合が進んでいる。一方で当初エアバスに参加しなかったオランダ・フォッカー，スウェーデン・サーブ等の航空機産業の凋落は著しく，遅れて参加したスペイン・CASA に引き続き EADS-エアバスの下請け企業となりつつある。他方，機種の増加，防衛産業の比重拡大，宇宙産業への参画で EU 域内だけにパートナーを限定することでは限界が迫っている。今後ロシア，さらにアジア各国の企業とのパートナー模索が必要となっている。

2.1　ボーイング社の戦略的提携

　ボーイングは1978年のB767から日本・イタリアと共同生産を開始した。B767では日本の分担率14％，イタリア14％で日本・イタリアからは開発費負担を行った。エアバスA300の仏・独・英共同生産に対抗した形とはなっているが，イタリア・日本をエアバス側に付かず，ボーイング自身の開発費を軽減するための要因も多いと思われる。B767ではイタリア・日本とも下請けの域を出ていないが，この後日本が21％を分担生産したB777を経て，最新のB787では日本の分担比率が35％に高まっているばかりではなく主翼を三菱重工業が担当するなどその重要性は高まっている。また重要度ばかりではなく日本の圧倒的シェアを誇るPAN系炭素繊維素材を重用した設計を提案し採用されるなど，もはやボーイング社の大型機生産には欠かせないパートナーとなっている。またB787ではロシアにサプライヤーを広げたが，その結果生じた納期遅延が大きな問題となった。さらに，すべてのパートナーの一元管理か，あるいは各パートナーの自主性を重んじたいわゆる「かんばん方式」の採用か，主幹企業のガバナンス能力を試される問題も発生している。

2.2　エアバス社の戦略的提携

　エアバスの生産体制は元来EU域内の共同生産体組織から開始している。A300，A320，A330・A340まではフランスとドイツを中心に分担生産されていたがA380では一部分担の英を除いて仏・独の分担比率・重要度が大きく，遅れて参入した西・蘭の分担比率は大きくなかった。一方，生産機種がA300しかなかった時代には大して問題にならなかった補助金という名の各国政府からの補填が不当競争として米国側で問題になり出した。英国BAeはエアバスに正式参加できなかったがこれも補助金が英国政府から拒否されたことによる。一方後期に参入したスペインとオランダはなかなか重要部位に参加できず，かといって持参金代わりに政府補助金を申し出ることはできず，EU域内生産にも限界が見え始めた。スペインの軽視はその独・仏・英の航空機産業企業との技術力・実績の差による要因が大きいが，オランダの場合はその主要企

業であるフォッカー社の長い仏・英・独企業との競合関係が根強いと思われる。それだけフォッカー社は強力であった。A380 ではロシア，A320 では中国をパートナーに加えようとしているが，これには西・蘭の反発も必至である。蘭はロシアより技術力・実績ともに勝り，西は中国よりも遙かに実績がある。この状態でエアバスは「A350 では 50％以上を EU 域外での生産」を宣言している。ロシア・中国の無理な参加は消化不良による納期遅延などの問題をはらみ諸刃の刃となる可能性が高い。市場拡大というマーケティングの目標と生産ラインの拡大というガバナンスの徹底の同時解決が迫られる。

2.3　日本の航空機産業における戦略的提携

　日本は三菱重工業が 70 席級・90 席級の 2 クラス・4 タイプの MRJ 生産を始めることになった。これまで米ボーイングのよきパートナーとして，開発費を含めた経営資源を提供し，中・大型航空機の設計・生産の最前線に参加できてきたことに対しこれからは海外を含めた他社の経営資源を利用する立場を目指すことになる。ここでは当然主幹企業としてのトータル・インテグレーション能力が求められ，また量産のためには世界的な耐空証明の取得という未踏の問題を抱えることになる。この戦略提携の構図と取り組みについては第 9 章の事例研究で解説する。特に設計から生産段階に入った三菱 MRJ はそのインテグレーション能力でパートナー企業を引きつける魅力を十分発揮できるかが成功の大きなポイントとなろう。

2.4　その他の国における戦略的提携

　ブラジルではエンブラエルが主幹企業となり 145 という 40 席級のリジョナル・ジェットでスペイン・アメリカをリスク・シェアリング・パートナーとして生産を開始し，70 席級の 170−175 には日本から川崎重工業が参加した。川崎重工業は 90 席級の 190−195 には参加を表明していないが，日本から現地に工場まで作って参加しており，その戦略的提携の礎はできたといえる。今後これらのパートナー企業からどのようなどのような提案がされ，どのような提携

が進むかが課題となる[2]。

　ロシアはソ連崩壊までは東側諸国を中心に市場を押さえ，米と並ぶ航空機産業国であったが，その後の統合・集積に混乱を来し，まだ往事の勢いにはほど遠い。むしろ民間航空機ではエアバス・ボーイングの下請け産業となる道を選びつつあるようである。ソ連時代も各10および20あった設計局と工場（生産）が協働することはほとんどなく，ばらばらの状態であったので多くの技術者が離散した現在ではアライアンスをまとめるガバナンス能力にはほど遠いのが実情である。つまりインテグレーション能力が欠如している。

　カナダではカナダエアー，デハビランド・カナダ等をM&Aでまとめ，米リアジェットも買収したボンバルディアが70席級では世界一，90席級ではブラジル・エンブラエルに次ぐ世界第2位の生産実績・受注残を保有している。ただボンバルディア社はソ連時代のロシア航空産業各社（スホーイ，ミグ，ツポレフ等）と同様，事業会社間の連携は悪く，また他社との提携も少ない。サプライヤーとしては日本からも三菱重工業（貨物室扉），住友精密（降着装置等）他が参加している。しかしながらいずれも下請の域を出ておらず戦略的提携には至っていない。

小括

　ボーイングの分業体制を機種別にみてきた場合，当初，垂直統合生産体制で各部品メーカーはボーイングの指示通り部品を生産，納入してきた。B767から日本・イタリアとの分担生産が始まり工程別分業体制が開始された。B767では設計にはほとんど分担生産パートナーが参加せず，自動車産業等で一般的な，貸与図方式であった。ところがB777から徐々にパートナー企業が設計に参加し，工程別分業体制が高まった。B787ではさらに一部パートナーからの提案を重視するようになり，承認図方式での工程別分業体制が高まった。ここで大きな問題が起こり，機体全体強度の計算が不明確であったことなどから大

　2　川崎重工業はエンブラエルとの提携を解消したことが報じられている。

規模な納期遅延が3度も発生してしまった。自動車産業，特にトヨタのかんばん方式を取り入れた高度な工程別分業体制がボーイングの主幹会社としてのトータル・インテグレーション能力との間で矛盾を起こしてしまったのではないかと思われる。航空機メーカー，すなわち主幹会社としてのプレゼンスまでが問われている。今後，この工程別分業体制が航空機産業になじむのか，また垂直統合生産体制に戻すのか，または機種別に主幹会社を変更するのかという課題を残されている。

　同じ問題はエアバスでも起こっている。エアバスはA300という当初の機種から工程別分担生産方式を独・仏で開始している。ただし，最終組み立てはほとんどが仏の工場で行われた。その後徐々に独での最終組み立てを開始した。最新鋭のA380は再び仏の新工場で行っているが，一部A320は先にグループに参加した西や蘭ではなく，中国で最終組み立てを始めた。中国での最終組み立てはまだ年間10機程度で量的には軽微だが，最終組み立てには最終試験等の実施も含まれ，今後の分担生産方式に課題を残すこととなる。

第 3 章

戦略的提携と技術波及効果の経済学的考察

　産業において完全競争状態が保たれ，新規参入も自由な場合には独自の競争力を高めることで産業自体の発展が図られることになる。しかし現実には多くの産業で寡占状態が形成されている。寡占状態であっても代替できない産業は厳然と存在する。航空機産業はそのような産業の一つに数えられる。このような寡占状態を認めつつも代替不可能な産業での公正な競争を促す方策の一つとして戦略的提携の普及を提案したい。以下，寡占産業における戦略的提携の意義と事例を示しながらこれを育む産業政策に言及したい。ここで取り上げる産業政策は発展途上国における幼稚産業育成策や不況産業振興策のような国策的産業政策ではなく，一国の枠を出た国際的な産業振興策を目指すものである。

1.　戦略的提携の経済学的考察

　本節では戦略的提携の経済学的考察を進めるに当たって，まず，資源ベース理論に基づく戦略的提携の定義付けを行い，さらにそれに基づく派生的な効果を検討する。

1.1　戦略的提携の定義

　戦略的提携の定義を行うに当たって一般的に非常に多くの支持を受けているJ. E. Barney の定義から始めることにする。
　J. E. バーニーは『企業戦略論「全社戦略編」』第 11 章の中で戦略的提携には，新事業に投資をする際のリスクやコストを分散できるという効果があると

指摘する。戦略的提携を用いれば，パートナー企業間でコストを配分することにより，失敗の際のリスクを分散できるとした。また同書によると，潜在的パートナー企業の経営資源や保有資産を統合した場合に得られる価値が，各社別個に事業運営する場合の合計値よりも大きい時，企業は戦略的提携を通じて協力するインセンティブを持つ。この経営資源の補完性は範囲の経済そのものであり，次に示す不等式が成立する場合に存在する。

NPV $(A+B) \geqq$ NPV (A) + NPV (B)
BPV $(A+B)$ ＝企業 A と企業 B の資産を合計した場合の賞味現在価値
BPV (A) 　　＝企業 A の資産価値単独の正味現在価値
BPV (B) 　　＝企業 B の資産価値単独の正味現在価値

つまり，戦略的提携とは，
　1）複数の企業が独立したままの状態で合意された目的を追求するために結びつく
　2）パートナー企業がその成果を分け合い，かつ，その運営に関してコントロールを行うこと
　3）パートナー企業がその重要な戦略的分野において継続的な寄与を行うこと
とされる。
　ここで注目されるのは「合意された目的」と「継続的な寄与」を行うということである。例えば航空機産業の新型機プロジェクトはその「合意された目的」といえる。そしてその新型機プロジェクトが遂行されつづける限り，パートナー各社は「継続的な寄与」を行い，その恩恵を受けるのである。戦略的提携の前提にはパートナーとして相手にその経営資源が認められるいくつかの要素が必要とされる。
　さらに戦略的提携には，下記の目的が存在する。
➤　潜在的なライバルを戦略的提携の内側に取り込むことでその脅威を効果的に中和する。さらに戦略的提携をめざす企業にその参加による意味のある効果を生み出す。

➤ 経営資源や業界での地位，スキル，知識などを結びつけることにより提携
を成功に導く。

➤ また，新しいスキルを学習することによりそれを内部化するためのよい
きっかけとなる。

この戦略的提携では提携を通じて価値が創造されることになる。

1.2　戦略的提携の派生的効果

　具体的に戦略的提携による派生的効果を検証してみる。桑田（1996）は現代
社会で新しい知識の幅が広がっているので自社内ですべての知識を開発するこ
とは不可能になっており他組織からの学習には強い誘因が働くとしている。戦
略的提携のパートナーは他組織でありこの他組織からの学習は自組織の大きな
変革を経ずして自組織の経営管理システムに取り込むことが容易であるとして
いる。Dossauge, Garrette and Mitchell（2000）も競合相手とのリンク・アラ
イアンスでは買収のような大規模なアライアンスよりも早い学習効果があるこ
とを実証した。Jorde and Teece（1990）ではイノベーションを起こした企業
はなるだけ早く協働の契約を結びいろいろな意味での提携を進めることを提案
している。新規技術は特許などで独占するよりも活用することで拡大させるこ
と提案している。つまりこれが戦略的提携の源泉ではないだろうか。さらに
Kelley and Rice（2002）は，アライアンスはイノベーションの活用とさらなる
製品イノベーションを生み，かえって結果的により多くの特許を生むこともあ
るとしている。イノベーションは特許などで保護するだけではなく，広く提携
を行うことでさらなるイノベーションにも結びつくとしている。また，
Hagedoorn and Schakenraad（1994）は，戦略的なアライアンスは経営資源の
交換に有効であることをJöerskog and Störbom（1977）によるLISRELモデ
ルを使って検証した。Dyer and Singh（1998）はトヨタとGMの提携，VISA
のグループ化などを例に挙げ，戦略的な提携はパートナー間の経営資源の差異
から競争を生み有効な成果を上げることを指摘している。Hitt, Dacin, Levitas,
Edhec and Borza（2000）は戦略的提携ではパートナーの経営資源を基盤とし
てパートナー間で分担，または交換する枠組みを新興国（メキシコ・ポーラン

ド・ルーマニア）と先進国（カナダ・仏・米）で検証し，パートナー選考の問題を指摘している。

　本書でも第5章で明らかにするようにボーイングとの戦略的提携で日本の航空機産業が最先端の航空機製造を分担生産することで学習効果を上げ，これに参加しなかった韓国・中国の航空機産業との格差を生んでいる。現在日本に機体メーカーと呼ばれる Tier-1 [1] 企業が5社，エンジンの主要部品メーカーの IHI を加えると6社もの大手航空機産業企業が残っているのもこの戦略的提携の成果といえるのではないだろうか。またエアバスは仏や独，英の企業単独ではなく EU 全体の共同体を作ろうとしてボーイングに対抗できるまで成長することができた。オランダのフォッカー社やスウェーデンのサーブ社は仏のエアロスペシャルや独のドルニエにそれほど見劣りする企業ではなかったがエアバスに参加しなかったため凋落が激しい。

2.　戦略的提携と独占禁止政策

　近年，企業の競争戦略として単独の企業で内部経営資源を有効活用する以外にパートナー企業との戦略提携の比重が大きくなっている。これらの目的を，出資を伴わず達成しようとするのが戦略的提携である。伝統的提携は独占禁止法の適用を受けやすい。これに対し，戦略的提携では以下に示す通りこのリスクを回避できる。

　まず，出資を伴わない業務提携，ライセンス契約，供給契約の場合には購入先，すなわち提携先が複数存在すればその両者の提携契約が合意された場合にのみ提携契約を締結できる。ところがこの供給先が限定された産業ではすなわち進んだ寡占市場の産業では提携契約に独占的な支配力が発生し，一方的なダンピング要求等不正取引行為が生じかねない。寡占市場では出資の伴わない提携契約が通常では存在できない。これは継続的な提携契約を維持できないとい

1　Tier-1 は1次下請けのこと。ここでは航空機機体メーカーなど自らも航空機もしくは航空機エンジンを自社生産するメーカーのこと，または OEM と呼ぶ。ちなみに Tier-2 は2次下請を意味し，主に部品メーカーを指す。

うことに他ならない。サプライヤーは複数の納入先を確保できなければ購入先のダンピング的価格要求等の不正取引要求を受けざるを得ず，これは独占禁止法の適用となる。これを回避するにはサプライヤーは提携計画を解消せざるを得ない。または独占禁止法適用に甘んじなければならなくなる。これでは長期的継続的な提携関係は存続しない。

　一方出資を伴うジョイント・ベンチャーや企業統合，買収はそのまま多国籍企業として，外国の独占禁止法の適用を受ける可能性が高い（域外適用）。特に提携先の国の産業が当該国の外国資本規制条例に該当する場合はそれが顕著である。

　この点，戦略的提携では，まず出資を伴わないので外国の独占禁止法を適用されることはない。また，その提携関係もその戦略性への合意が条件であれば，不正取引行為は発生しにくい。

　以上の点から戦略的提携がこれらの産業で重要な戦略になりつつあるのは自然である。

　Jorde and Teece（1990）は，イノベーションには協働が必要だがその際には競争と反トラストへの 1984 年発効の NCRA へのガバナンスが必要としている。Tirole（2001）もコーポレート・ガバナンスの必要性を競争促進の立場から指摘している。

2.1　戦略的提携と独占禁止法

独占禁止政策と国際的競争政策の潮流

　本項では我が国の独占禁止政策と国際的競争政策の潮流を研究し，これらと現実の戦略的提携の整合性を検証する手立てとしたい。独占禁止政策は特に戦略提携と対比してとらえられる企業結合に対する規制の観点に絞って論及する。

独占禁止政策と独占禁止法

　独占禁止法では各種企業結合と圧倒的な支配力を規制している。

独占禁止法と企業結合

独占禁止法で規定される企業結合とは，① 株式保有，役員兼任，合併などの「堅い結合」，② カルテルなどの緩い結合，③ 短期的「伝統的」提携が考えられている。③ 短期的提携は企業結合とは見なされないが，事業支配力は残る。①，② の企業結合は公正取引委員会で精査され，規制されるべきだが，③ のような提携の場合でも代替産業が限られた場合多くは交渉能力の偏重で規制の対象とはなるべきものである。現実には圧倒的な交渉力の違いにより，本来下請法等の規制の対象となるべきものだが，泣き寝入りの形で受け入れられるケースも多い。このような場合は実質的には独占または寡占状態による企業結合と同じ状態となっている。

寡占・独占と企業結合

寡占または独占の産業では規模の経済性を進めるためにさらに企業結合が進んでいる。過度の寡占と独占は競争を阻害する傾向があるので独占禁止政策で規制されている。特に株式保有，合併などの資本関係の含む企業結合，カルテル等の緩い結合は制限されている。このように企業結合が独占・寡占産業で進むと本来の目的であった規模の経済性の追求に反して競争阻害要因が多く発生し産業として停滞する。利潤の少ない寡占状態が存在するのである。

独占禁止政策と戦略的提携

一方戦略的提携では構成メンバーがそれぞれ独立し，お互いの継続的な利潤を追求できるので独占禁止法の適用は受けず，産業の競争力はそがれない。技術的制約を除けば自由な参入・退出が可能でアライアンス構成メンバーの利潤が継続的に保障されるべきものである。資本を伴わない緩い結合であるカルテルも国内・国際的にも禁止措置を執行されているが，アライアンスの場合はその可能性は少ない。代替産業が限られた分野では競争促進政策上もアライアンスが最もふさわしい戦略となるのである。

2.2　国際的競争政策の流れ

　国際取引では独占的な代理店制度等競争促進に不公正な制度が多く残されている。一方で不正な取引を制限するとして EU・米国を中心に最近は反トラスト法の実施等競争促進政策が講じられている。

EU における競争法執行状況

　欧州連合（EU）では域内の貿易障壁を撤廃し公正な市場競争を確保するという本来の趣旨から競争法の執行を強化している。欧州委員会は積極的にカルテルの取り締まり強化を実施している。カルテルの摘発件数は 2006 年以降増加しており，制裁金ガイドラインも 2006 年に改訂され課せられた制裁金も急増している。カルテル事件の制裁金は年々高額化しており日本の企業が制裁金を科されるケースも発生している。

　罰則規定だけではなく，企業結合規制も EU 委員会は合弁事業についても事実に基づく実証・経済分析を行ってその該当性を判断するようになっている。EC 企業結合規制の特質は合併・および支配権の取得に限定している点である[2]。さらに合弁事業を結合的合弁事業とその他の合弁事業（協力的合弁事業）に明確化している。そしてこの結合的合弁事業か協力的合弁事業のどちらに分類されるかで手続きがかなり異なっている。結合的合弁事業と認定されれば効力停止規定により一定期間合弁事業を実施できないこともある。後述する競争法の域外適用規定と同様に企業にとって配慮を要する規定である。この適用を逃れるため，締結した合弁事業契約を事後に届け出ることが出来，ここで効力の停止もない協力的合弁事業に分類されるべく動くのである。協力的合弁事業と認定されるには，① 実態基準が緩やか，② 有効期間つきであること，等が実証されることが必要とされる。

　しかしながら，戦略的提携ではいずれも資本関係も発生しないことから統合的合弁事業と認定されることはない。戦略的提携であれば独占禁止法の適用を受けることがないのはここからも明らかである。

2　村上政博，『EC 競争法（EC 独占禁止法）第 2 版』，弘文堂，2001 年，pp.279-280。

米国における競争法執行状況

　米国では従来からカルテルの摘発には非常に力を入れている。競争当局の中心の一つの司法省トラスト局によるカルテル摘発件数も法人に対する罰金額の水準も高額化している。

〈シャーマン法〉

　シャーマン法は取引を制限するカルテル，独占行為の禁止について定める。例えば，垂直的制限についてはシャーマン法第 1 条を適用しての企業分割以外に有効な救済策がないとする 1968 年のニール・レポートや 1962 年，1968 年のターナー論文に代表されるハーバード学派よりポズナー論文を代表とするシカゴ学派の古典的価格協定と強調行動に差異を認めず，カルテルが発見されたときに課される不利益が大きければカルテルがもたらす利益を打ち消せるという考え方からも罰則の甚大化も進められている。そしてこのカルテル規制の立場から合弁事業に対する規制基準を設けている。

〈クレイトン法〉

　競争を阻害する価格差別，不当な排他的条件付の取引の禁止や合併等企業統合の規制，三倍額損害賠償制度等について定める。

〈域外適用〉

　自国外で行われた行為であっても，その効果が国内に及ぶ場合は遡及する。これが域外適用である。国外で行われる行為に対する自国競争法の適用については，① 国内で行われる行為だけに適用できるという「属地主義」，② 一連の行為のうち主要な（一部の）行為が国内で行われる場合，一連の行為全体に適用できるという客観的属地主義，③ 国外で行われる行為が国内に実質的かつ予測可能な効果を持つ場合について適用可能とする効果主義に分類される。この域外適用の実践については下記各国競争法の執行に係る協力協定の締結を待つことになる。

〈リニエンシー制度〉

　米国のリニエンシー制度はアムネスティ・プログラムによると，司法省にカルテルの事実を申告したものが，一定の要件を満たす場合には当該企業の従業員も含め，刑事訴追の免除が受けられる。この刑事訴追の免除を受けられる者の数は最初の申告者である1社のみ。リニエンシー申請は，司法省の審査開始前後にもかかわらず可能であるが，リニエンシー付与の条件は，審査開始前の申請（パートA）と審査開始後の申請（パートB）とで若干の相違がある。

　また，アメリカでは長い競争法の歴史と無数の私訴を公平に裁くために裁判所の中での合併事件については司法省と連邦取引委員会が公表してきた「水平合併ガイドライン」の役割が大きくなっている。

　最新の1992年水平合併ガイドラインを概観すると，その判断において，①市場集中の状況，②競争制限効果，③新規参入，④効率性，⑤経営破綻をこの順に分析している。これが寡占規制政策の最新動向を示している[3]。すでに寡占状態の産業では，市場集中の状況は提訴される可能性は高い。競争制限効果は協調行動が主眼のためすでに寡占状態が進んでいると提訴の可能性は高い。効率性は流通手段の統合等これも寡占状態が進んでいれば対象とはしづらい。問題は新規参入である。新規参入が十分に行われていればこれ自体で独占禁止法提訴にならない可能性が高い。新記参入の事実上の障壁は高いが，すでに寡占状態が進んだ産業でもこれが確保しさえされていれば提訴の可能性が下がる。

韓国における競争法執行状況

　韓国競争法執行当局である韓国公正取引委員会（以下「韓国公取委」）では1980年に競争法（「独占規制及び講師取引に関する法律」）が制定されており是正命令及び課徴金を課すことができ，違反した個人や法人に刑罰を科することもできる。

3　村上政博，『アメリカ独占禁止法　第2版』，弘文堂，2009年，pp.192-226。

〈韓国のリニエンシー制度〉

　一般に課徴金はおおむね増加傾向で，カルテルに対する摘発が特に厳格である。韓国ではまず大規模企業集団（いわゆる「財閥」）への経済力集中化阻止が独占禁止政策の主目的であった時代が長く，このために執行力も強化され，課徴金も増やされていた。国際契約も当初は届出制をとり監視が行われていた。しかし1990年代に入って韓国企業の事業活動は国際化し届出制が足かせとなる恐れから届け出制は廃止または審査要請制が導入された。これは韓国競争政策における規制緩和の一環である[4]。

中国独占禁止法の施行と対応

　中国では2008年に包括的な独占禁止法が制定され，EU競争法をモデルに① 独占協定，② 市場支配的地位の濫用，③ 企業結合を規制に柱としつつ，中国独自のスタイルとして④ 行政権力の濫用も規制対象に加えたものとなっている[5]。

各国競争法の執行にかかる協力協定

　競争政策は各国競争法によって規定され，その競争当局によって取り締まられるべきものである。しかしながら前節で取り上げたようにその域外適用が具体化しており，各国競争当局間協力が進展している。企業結合はそもそもそれ自体が競争を阻害するものではなかったはずである。しかしながら当事者にとって複数国が管轄権を有し，競争法上問題がある場合に相矛盾した排除措置を受けることを回避するためにも競争当局間の協力はメリットがある。1991年に米国・EU，1995年に米国・カナダに協力協定が結ばれた。その規定事項は，(1) 消極礼譲，(2) 積極礼譲，(3) 通牒・協議，(4) 執行協議がある。その後日本も1999年に日米，2003年にEU，2005年にカナダと協力協定を締結し，域外適用が議論されることになった。

　域外適用の判例については「属地主義」とその修正，さらに「実質的効果説（効果主義）」が論議されており，それぞれの主義をとる各国競争当局の立場，

4　中山武徳，『韓国独占禁止法の研究』，第1章，信山社，2001年，pp.1-50。
5　経済産業省，『競争コンプライアンス体制に関する研究会報告書』，平成22年。

さらに上記規定事項の中でも（1）消極礼譲が行使された場合でも相手当局の国内的な事情のため適用を断念せざるを得ない状況も出ている[6]。

　今まで戦略的提携のスタイルを航空機産業のアライアンス・リーダーたる主幹企業の立場からみてきた。これまでに見たとおり航空機産業での戦略的提携ではパートナー企業の自由参入・退出および各パートナー企業の独立性は確保されており，参加し続ける限り継続的な利益は保証されている。この提携は独占禁止法に触れるものではない。

　一方で，航空機産業では寡占状態は進展しており，ティアー1の一時下請け，さらにその次のサプライヤーレベルでは代替の効かないメーカー・部品メーカーがほとんどである。さらにこれ以上航空機産業が発展を続けるには新規参入企業を呼び込まなくてはならない。この一つの要因となるのが波及効果，特に技術波及効果ではないだろうか。航空機産業での厳しい基準は「空を飛ぶ，命を運ぶ」という避けられない使命から生ずるものであり，いったんサプライヤーとして受け入れられたメーカーはその技術水準の高さを認定されたことになる。これには国際的ないくつかの基準が制定されており公平な判定基準と見なされる。航空機産業でのアライアンスが独占禁止政策に触れないものであることは寡占産業における提携の一つの例となる。

3.　技術波及効果の経済学的考察

　東レは年内にトヨタ自動車・富士重工業向けに自動車ボディ用炭素繊維の供給を始めることを発表した。現在の炭素繊維の全需要に匹敵する年間3万トンの新規需要が見込まれるという。これまではポルシェ等の海外高級スポーツカーにしか需要がなかった炭素繊維がこれにより大幅に生産量が拡大されることになった。当初ゴルフクラブ，テニスラケットや釣竿程度にしか使用されていなかった炭素繊維だが航空機に本格採用されるようになって注目されていた。今回生産技術の革新で鋼材との価格差を克服できるまでになり，大きな需

6　1997年のボーイング，マクダネル・ダグラス社の民間航空機部門併合問題が著名である。

要を見込めるようになった。この炭素繊維を自動車に採用されるまでに技術革新をもたらしたことは，航空機産業の技術波及効果に因るところが大きい。

技術波及効果

　戦略的提携を長期的に維持するには求心力的誘因が必要である。これがなければ短期的な提携に終わり，パートナー企業群の継続的相互寄与には結びつかない。この誘因はいくつか考えられる。一つは戦略的提携のリーダーである主幹企業のもつインテグレーション能力ではないだろうか。各パートナー企業がその経営資源を持ち寄って参加せしめる吸引力としてのインテグレーション能力である。これは魅力的な新製品，マーケティング能力，社会貢献度等に代表される。

　次にその提携に参加することにより自らの経営資源を高められる成果が考えられる。これを波及効果と言い換えてみる。波及効果は販売高の大きな産業ではその販売個数が大きければ自然と大きくなる産業波及効果と産業の規模にかかわらずそこで実証された技術が他産業を巻き込んで効果を生む技術波及効果が考えられる。本稿では後者を戦略的提携の誘因として位置付ける。技術波及効果は技術優位型の産業では産業の規模によらず，戦略的提携の参加・提携維持の誘因となりうる。

　航空機産業のように販売機数または生産高の割に開発費の大きい産業では一社で開発・生産を行うことは合理的ではなく，戦略的提携が経営戦略の大きなテーマとなっている。戦略的提携が有利であるのは独占禁止法の適用を受けず，かつ提携パートナーに等しく恩恵を与えることである。また，伝統的な提携とは継続的な寄与を行うことであることが有利な点である。航空機産業のようにモデルのサイクルが20〜30年と比較的長期にわたる産業では継続的な寄与は必要不可欠な特徴である。

3.1　技術革新と技術波及効果

　技術革新は競争戦略の推進力である。この場合の技術革新とは単に新製品の開発だけではなく，素材を含む材料の革新と生産工程の革新を含む。これらの

技術革新を一社単独で行うことは徐々に困難になってきている。これは多くの産業において開発の増大から限られた経営資源を外部に求める傾向が進んでいる。これに基づいて，経営手段として重要視されてきたのが戦略的提携である。戦略的提携は開発費を負担しても参加する下請的提携からお互いの長所を有効利用したパートナーへさらに自らの提案を持ち込んでの進化した戦略的提携が現れてきている。さらにこの様な提案をでき得るような限られた提携相手を探ること自体が戦略的提携の重要な条件となってきている。つまり特出した革新技術を持つ企業を自社の戦略的提携先として取り込んでいくことが競争戦略の重要なテーマとなってきている。この様な戦略的提携は同じレベルの産業内だけにはとどまらなくなってきた。川上の産業すなわち素材からの技術革新を伴う戦略的提携が必要となってきている。一方で，川上の革新的技術力を持つ企業にとっては提携先として同じく川下に革新的技術力のある提携先を探ることになった。

技術波及効果の理論的根拠

　航空機産業での技術革新は航空機産業内での競争優位を導くだけではなく，その技術革新を応用した他産業での大きな競争優位をもたらす。多くの最先端技術を持つメーカーが売り上げの額は多くなくても航空機産業に携わるのはこれによる直接・間接的なメリットが企業にとって大きいからである。

　航空機産業での技術革新は航空機産業内での競争優位を導くだけではなく，その技術革新を応用した他産業での大きな競争優位をもたらす。技術革新の効果として技術波及効果と産業波及効果が挙げられる。産業波及効果は同一産業内で発生した技術革新が他産業にもたらす波及効果で産業全体の規模の大きい産業ではその波及効果の規模も顕著である。一方，その産業で生み出された技術の他産業への波及効果である技術波及効果は今まで定量的には調査されていなかった。しかしながら，航空機産業は産業自体の規模は自動車産業ほど大きくないので産業波及効果は小さいが，そこで生み出された技術の波及効果は大きく，日本航空宇宙工業会ではその定量化を試みている（山田 2001）。現実に想定されるおもな品目を取り上げ，波及領域，波形形態，波及技術の適用率などを検討したうえでそれぞれ波及製品と潜在市場を計算したものを参考資料に

添付した。これはすでに10年以上前のデータであり，その間に航空機産業では新素材炭素繊維の部品，部位が急速に伸びたのでこの技術波及効果はさらに大きなものになっているはずである。炭素繊維は世界の7割を日本企業が生産するようになったが，これらの東レ・旭化成等の企業がまずボーイング・エアバス等大手航空機産業を顧客と想定して新工場をアメリカ・フランス中心に設立している。また，GPS関連機器等，この10年間に自動車産業等で新製品となり，想定市場から現実の市場を生み出している技術も多数見受けられる。いかに多くの産業での普遍的となった技術が航空機産業での開発技術であることが明らかにされている。

　技術革新が業界構造全体に影響を及ぼす場合，その波及効果で技術革新を評価する手法を検討する。これはいわゆるすそ野が広いといわれる産業構造の度合いを数量的な算出を試みるものである。以下その成果を簡単にまとめる。

　特定産業の波及効果は産業波及効果と技術波及効果に大別される（山田2001）。産業波及効果は通常産業内部での生産活動などの産業活動全体が他の産業の活動に及ぼす影響で，通常，産業連関表から算出される生産誘発額であらわすことができる。これは当然自動車産業など産業活動の大きな産業ではその波及効果も大きなものとなる。一般に波及効果が大きいとかすそ野が広いといわれる産業の実態を表している。自動車産業に100の新需要が生じた場合当該部門の生産誘発額は当然100となる。乗用自動車では他の産業部門で誘発される生産額の合計は202.6となり，当該部門自身と併せて産業波及効果による生産誘発額は302.6となる。これに対し，航空機およびその修理の生産誘発額は218.7である。産業波及効果は乗用車の方が航空機より大きい。これは産業活動の大きさの違いが主因である。

　航空機産業のような技術インセンティブな産業では産業波及効果の大きさでは実態をとらえることが難しい。技術波及効果は当該産業で生み出された技術が他の産業に移転され，新製品の開発や生産活動の活性化に結びつく効果と考えられるが，従来の産業連関表では把握されておらず，定量化の表現手法も定まっていない（山田 2001）。ここでは，技術波及効果はこの産業波及効果の手法を使うことにより産業間の技術波及効果の大きさのみを比較することにする。表3-2がその技術波及効果定量化の結果である。ここではその結果のみを

表 3-1　需要 100 に対する学術研究機関・企業内研究機関の生産誘発額（産業波及効果）

産業連関表分類	学術研究機関 (A)	企業内研究機関 (B)	生産誘発額 (係数) (C)	A/C（%）	B/C（%）
航空機・同修理	1.34	9.46	218.67	0.61	4.33
電力	0.57	1.14	164.31	0.35	0.69
重電機械	0.43	5.64	215.6	0.2	2.62
通信機械	0.47	17.82	254.34	0.18	7.01
トラック・バス・その他	0.52	7.48	311.38	0.17	2.4
民生用電気機器	0.38	7.89	240.42	0.16	3.28
二輪自転車	0.47	6.83	300.17	0.16	2.28
電子計算機・同付属品	0.34	15.5	244.16	0.14	6.35
半導体・集積回路	0.28	15.49	227.88	0.12	6.8
自動車部品・同付属品	0.32	5.81	268.78	0.12	2.18
乗用車	0.37	7.23	302.59	0.12	2.39
船舶・同修理	0.19	2.94	237.71	0.08	1.24
非住宅建設	0.15	1.09	196.71	0.08	0.55
鉄道・同修理	0.17	2.65	224.28	0.08	1.18
住宅建設	0.15	0.97	201.31	0.07	0.48
公共事業	0.1	0.77	190.85	0.05	0.4

注：産業連関分析には学術研究機関および企業内研究開発の分類が含まれる。いくつかの業
　種についてそれぞれの分野で 100 の需要が生じた場合に学術研究機関および企業内研究機
　関で誘発される生産額（産業波及効果）を示したものである。
　　学術研究機関への波及は航空機が最も高く，企業内研究開発への波及も電算機，半導
　体，通信機器について大きい。
　　産業波及産業波及の面からも航空機産業の技術波及効果が大きいことがうかがわれる。
出所：(社)日本航空宇宙工業会「産業連関表を利用した航空機関連技術の波及効果定量化に
　関する調査」2000 年 3 月。

掲載し，具体的な波及効果票は参考資料に掲載する。

　航空機産業と同じくすそ野の広いといわれる自動車産業の波及効果を比較す
る。産業波及効果と技術波及効果の合計波及効果は自動車産業が 8 倍ほど大き
い。これは生産高が大きく，すなわち産業規模の大きいことによる。技術波及
効果単独であれば航空機産業は自動車産業の 3 倍である。航空機産業のように
技術インセンティブな産業ではこの技術波及効果が技術革新の重要な要素であ
り，本稿ではこの技術波及効果を技術革新の原動力ととらえて論述していくこ
ととしたい。

表 3-2　航空機産業と自動車産業の産業波及効果と技術波及効果

航空機産業の技術波及効果				
効果の種類 産業名	当該産業の生産高	技術波及効果 （技術波及による 生産誘発額）	産業波及効果 （産業波及による 生産誘発額）	波及効果計
航空機産業（A）	1 兆円 / 年間	103 兆円	12 兆円	115 兆円
自動車産業（B）	25 兆円 / 年間	34 兆円	872 兆円	906 兆円
自動車産業との比較 （A/B）	4.0%	3 倍	1.40%	12.70%

注：航空機産業の技術波及効果が大きい要因は次のように特徴づけられる。
　i．技術体系が大規模で関連する技術のすそ野が極めて広い
　ii．一定の産業規模と産業レベルを背景としなければ成立しない。
　iii．航空機で獲得された技術は極めて広範な分野に波及すると思われる。（これは技術要素
　　　の項目数が自動車の 3.67 倍から誘導される。）
　iv．高付加価値の極めて先進的な技術が最初に投入される。
　v．航空機は効率と安全を追求し続ける製品
　vi．投入された技術が研ぎすまされて高度化し，技術波及は継続する。
　vii．システム・ンテグレーション（システム統合）が高度
　viii．航空機産業は統合及び統合化技術が鍵を握る産業。
　ix．システム・インテグレーションに関する技術は他の産業の新製品に対するコンセプトの
　　　創生に対する刺激作用が強い。
　　　業波及効果については産業間の定量的な比較が可能であったが，同上（山田秀次郎 2001）
　　では航空機産業の技術波及効果の定量化を試みた。これによると，自動車産業の実績調査と
　　この航空機産業の技術波及効果の大きさを主張している。
出所：三菱総合研究所による推計結果（平成 12 年 3 月，日本航空宇宙工業会委託調査）。

　一方，技術波及効果は当該産業で生み出された技術が他の産業に移転され，新製品の開発や生産活動の向上など他産業の活性化を誘発する効果と考えられている。航空機産業のような技術革新が必要不可欠な産業の波及効果をとらえるにはこちらを把握する必要がある。

　航空機産業は生産高で自動車産業の 30 分の 1 だが，その技術波及効果は 3 倍である。

　航空機産業が宇宙産業や防衛産業のようにやや市場経済から遊離した産業であれば新しい開発技術の揺籃としての価値のみに終始するかもしれない。航空機はもはや輸送手段として貨客ともに欠くべからざるものとなっている。この意味でもその技術波及効果はさらに深まるものと考える。

技術波及効果の現実的考察

〈部品点数と波及効果〉

　以上の技術波及効果の大きさに加えて部品点数の大きさから生じる波及効果を取り上げる。技術波及効果自体の大きさ以外に波及効果を与える産業の多様性に注目したい。つまり多くの産業に波及効果を与える技術波及効果のそれ自体の多種性に注目すべきである。言い換えると自動車産業・造船・宇宙産業・防衛産業のようなある種共通項が明らかな産業のみではなく，建設業，化学工業，土木建設業，電子・電機産業，等多種多様な産業にも波及効果を与える可能性が高いということに注目したい。言い換えるとそれだけ他産業の業種からの参入が可能なのである。この効果は上記技術波及効果の大きさと乗じあって波及効果を単一産業内の産業波及効果を大いに上回る効果となる。つまりまとめると産業規模が大きくない産業であっても部品点数が多いようなすそ野が広い産業では技術波及効果が大きければ産業規模の大きな産業の産業波及効果に近い効果が得られるのである。

〈参入障壁の問題〉

　前節で技術的に近い産業以外からの自由な参入可能性を論及したが，一方で反対に参入障壁が高くなっている現実がある。これが制度的参入障壁で，すなわち取引コストの高い産業となる。例えば，認証のレベルまたは難易度の高い制度に守られている産業がある。一部の医薬品はそうであろうし，現状の航空機部品もそれに含まれる。これは参入障壁を高め，下請け産業の育成を妨げ，外注に頼れなくなり，すそ野の広がりを妨げることになる。

〈技術波及効果〉

　この場合制度的に参入障壁が高くても参入を促す誘因に技術波及効果がある。つまり認証等で参入が難しくても一旦参入ができればその蓄積された技術・ノウハウを他分野での応用が可能ということが技術波及効果という言葉で置き換えられるのである。航空機部品でいえば工場認定などの高い障壁はあるが一旦認証を取得できれば今後自動車・建設等他産業への応用が可能となる。

〈航空機産業の戦略的提携と技術波及効果〉

　航空機産業ではすでに大型機を含めて戦略的提携が進展し，自社技術と自社生産能力だけで生産を続けることはなくなってきている。この戦略的提携のパートナーとして参加することでどのような技術波及効果が得られているかを検証したい。便宜上，大型航空機，中・小型航空機，その他番外として宇宙産業・防衛産業に論及し，次に具体的な技術波及効果の定量化試算を紹介する。

〈大型航空機用エンジン〉

　大型航空機本体についてはすでにボーイング連合，エアバス連合について論述したのでここではその重要な部品である航空機エンジンを取り上げる。

　大型航空機エンジンは旧ソ連解体までに，欧米，すなわちボーイング，エアバス，マクダネル・ダグラス等の機体メーカーでは採用された大手エンジンメーカーが3社（GE，P&W，ロールスロイス）とその3社との合弁企業群に絞られており，これらのエンジンメーカーの製品が全世界で圧倒的に市場での信頼性が高く，その他のエンジンメーカーは対抗できなくなっていた。さらにソ連他の国々の航空機自体もこれら欧米エンジンメーカーのエンジンを搭載していないという理由で徐々に市場から排除されていった。このことにより，ソ連邦崩壊までにすでにロシア製航空機は政治的圧力なしには購入されることはなくなっていた。これらのエンジンメーカーはエンジン機種ごとに戦略的提携を作り，そのエンジン機種は航空機の機種とほぼ同様の製品需要を持つ。よってこれらの大手3大メーカーを筆頭とするアライアンス体制は万全であり，新たな航空機が開発されてもエンジンはこれら大手アライアンスの中のエンジンが選ばれるという状況が続いている。この体制を揺り動かす可能性としては，機体メーカーの数が既にボーイング・エアバスに確定されてしまった大型民間航空機では難度が高く，新規参入の可能性が残されているのは中型機か軍用機産業に限定される。ただ，現状大手3社間での競争は維持されており寡占ながら競争状態は続けられている。さらに3社以外とのアライアンスではエンジン機種ごとにパートナー企業・担当部位等が順次入れ替わっておりその意味でも競争状況は維持されている。大型航空機用エンジンのアライアンスは下図のとおりである。

表3-3　民間航空機用エンジン業界の主要提携関係

エンジンメーカー	モデル	(1)	(2)	GE	P&W	ハネウェル	ハミルトン・サンド	P&Wカナダ	RR	ルーカス・エアロスペース	スネクマ・モトゥール	ターボメカ	イスパノ・スイザ	MTU	RRドイッチェランド	アヴィオ	アルファ・ロメオ	テックスペース・エアロ	ITP	ボルボ・エアロ	日本航空機エンジン	IHI	川崎重工業	三菱重工	三星航空宇宙航業	シンガポール・エアロスペース
（国）				米国				加	英		仏			独		伊		ベルギー	西	スウェーデン	日本				韓	シンガポール
General Electric (GE)	CF6-50		R	○							○			○												
	CF6-80A/C2		R	○							○			○						○						
	CF6-80E1		R	○							○									○						
	GE90		R	○							○											○				
	CF34-8		R	○												○					○	○	○			
	CF34-10		R	○												○					○	○	○	△		
	GEEx		R	○												○					○			△		
Pratt & Whitney (P&W)	JT8D-200		R		○									○										○		
	JT9D		R		○												△					△				
	PW2037/2040		R		○									○			○					△				
	PW4000シリーズ		R		○									○								△	△	○	○	○
	PW6000		R		○																		○			
Rolls-Royce (RR)	Tay 620/650		R						○												○					
	RB211-524B/C/D		R						○													△	△			
	RB211-524G/H		R						○																	
	Trent 500		R				○		○	○			○			○					○	○				
	Trent 700		R						○	○						○					○					
	Trent 800		R						○	○											○					
	Trent 900		R				○		○	○						○					○	△	△			△
	Trent 1000		R						○												○	○	○			
	Trent XWB		R						○																	
P&W Canada	PW305		R					○						○											
	PW500		R					○																△	
	PW600		R					○																	
CFE	CFE783	F		○		○																			
IAE	V2500	F			○																△	○	○	○		
CFMI	CFM56	F		○							○														
RR Deutschland	BR700	F			○																				
GPEA	GP7200	F		○							○					○									
RR/Snecma	Olympus 593	F									○														

(1)フルパートナー方式：パートナー間の関係は対等。別会社を設立し，そこへ参加することにより経営方針や営業方針に参画。
(2)リスクシェア方式：核となる会社のプログラムに開発費などの分担金を以て参画，その分担の収益を得る方式。
記号　○印：参加　△印：下請

注：世界の３大エンジン・メーカー（GE・P&W・RR）はすべてのエンジンを単独ではなく提携で共同生産している。エンジン・モデル毎に協働パートナーは替るが，提携先パートナー企業は上記約20社に絞られる。これらのメーカーが世界のエンジンを生産しているとしてよい。
　特筆すべきは近年これら企業群に新規参入した韓国・シンガポールの企業である。韓国は三星，シンガポールはSAIが単独で参加しているがこの傘下にはいくつかの企業が下請けとして参加している。
　日本は古くからエンジンを生産しているIHI・三菱重工業・川崎重工業以外に「日本航空機エンジン」が参加している。これは日本のエンジン部品メーカーの取りまとめを行っている財団法人日本航空機エンジン協会（JAEC）がIHI・三菱重工業・川崎重工業の参画でGEと共同生産し，エンブラエル・ボンバルディア機にエンジンを供給している。GEとJAECの生産分担比率は70:30である。
出所：社団法人日本航空宇宙工業会『平成19年度版　世界の航空宇宙工業』より。

　寡占のデメリットは各産業で目立つが，一方で環境基準への積極的な対応，製造責任，品質保証責任等優位な点も挙げられる。環境基準対応ではIATAの主導のもと，航空機エンジンの排出ガス・騒音基準が順次決定されており，他の輸送手段（自動車・船舶）に比べて早くから航空では世界標準が導入されており，その意味では環境基準達成の優等生産業でもある。品質保証基準は早くから独自の厳しい基準が定められており，自動車・船舶に比べはるかに高い水準がTier-1，Tier-2に限らず下請け産業にまで浸透している。製造責任についてはこれまでは上記のようないわゆる「航空機産業」メーカー群での生産規模が拡大することで対応できてきたが，近年の新興国での航空機需要が中心になってくると必ずしも対応しきれているとはいえない。その結果がボーイングB787の度重なる納期遅延であり，エアバスのEU域外との提携拡大につながっている。今後Tier-1，Tier-2それ以下の新興企業の品質基準保持力，対応力が今後の課題である。

〈中・小型航空機〉

　中型航空機メーカーは大型に続いて，カナダ・ボンバルディア，ブラジル・エンブラエルの2大メーカーによる生産が確立していたが，ここ数年日本・三菱，中国，ロシアの参入が計画され，これらが予定通り参入を確定すれば十分な競争市場が形成される。このクラスの機種でのアライアンスはほとんどエンジンについては行われてきたが，エンブラエルの川崎重工業との提携，ボンバルディアの中国メーカーとの提携，三菱MRJのボーイング他との提携でアライアンス体制が熟成してきているように思われる。一方でボーイングの旧マクダネル・ダグラス開発機種B717グループの生産中止やエアバスの中国との提携による小型機種撤退可能性等競争が阻害される動きも見受けられる。つまりこのクラス（50席〜110席）はかつてのボーイング・エアバス・マクダネル＝ダグラスからボンバルディア・エンブラエル・三菱を含むその他にメンバーが総変わりしつつある。

　エンジンについても，エンブラエルの英ロールス・ロイスと提携したAllisonが参加し，少し小型のエンジンでは米Honeywellが複数機種にエンジンを供給するなど，新規参入は続き，競争状態は保たれている。日本の中型機

三菱 MRJ のエンジンは米 P&W に決まっている。これは三菱重工業が早くから MRJ 開発にあたって低騒音・低排気ガス基準で米 P&W と新型エンジンの共同開発を行ってきたからとされる。また三菱重工業は他の航空機機体メーカー，ボーイング・エアバス・エンブラエル・ボンバルディアとは異なり，自身有数のエンジンメーカーでもあり，米 P&W ともこれまでに様々なエンジンでアライアンスを続けてきている。ロシアのスホーイ SSJ-RRJ 計画機のエンジンは未定（未詳）であり，中国 AVIC ARJ21 計画も受注機数は発表されているがカナダ・ボンバルディアとの提携も発表されておりエンジンメーカーとのアライアンスも未詳（未定）である。ちなみにこの様にエンジンが決まらないのは計画自体に不確定要素が大きいことの表れであることを筆者自身の経験から感じている。

〈その他，宇宙産業・防衛産業〉

　宇宙産業ではこれまで米ソ2大強国の国威をかけた技術競争から実用化が進み，通信，画像活用，防衛などに用途が進み，徐々に規模の経済性が考慮できるようになってきた。また，衛星自体も小型・超小型などが開発され，小さなロケットで打ち上げができる，または多くの衛星を一つのロケットで運べるようになってこちらでも市場が形成されつつある。まだ衛星データの国境を越えた利用には安全保障上の障壁があり，市場が形成されるには至っていないが新興国でも独自の衛星を保有できるようになっており，規模の経済性を検討する余地はでてきた。

　防衛産業はさらに安全保障上の問題が残されているが，もともと宇宙産業に比べてはある程度市場の大きさがあり，すでに冷戦終結後は防衛機器（特に武器）を輸出入できる状態にはなっているので，市場の拡大は進んでいる。一方で冷戦終結は各國とも防衛費の削減を進めており，上記拡大とは拮抗している。防衛産業にもっと民間資本・民間市場形成が進めば，この政府予算に頼りすぎてきた産業にも規模の経済は進展するかもしれない。

〈航空機産業からの技術波及効果試算〉

　前節で取り上げた技術波及効果の試算例をあげて航空機産業の波及効果の大

きさを検証する。詳細は稿末に参考として挿入した。この後素材としての炭素系複合材の採用が高まり，機体だけではなくエンジンも含めた主要部品にも複合材が使われるようになってきたことで航空機産業の技術は。この分野では航空機が先行しているが，環境問題への配慮から車体を軽くすることが求められることから自動車産業への転用が本格化している。実際，トヨタ・ホンダ・日産等も複合材の採用を高級車中心にすすめる方向にあり，まさに技術波及効果は航空機自動車へと進展している。航空機産業で培った技術力，特に成形・加工と強度対策は自動車産業の大量採用でまさに規模の経済性を享受できる様相である。

小括

　前節で戦略的提携（アライアンス）の課題として指摘した退出の自由さ，すなわち契約の解消リスクを軽減する提携の求心力の一案として本章ではこの技術波及効果を取り上げた。すなわち，アライアンスを強固に維持していくには仕事の確保のような規模の経済性を享受させることだけではなく，アライアンスのインテグレーション能力の一発露としてその技術波及効果と下請産業の育成能力が求められていることを取り上げた。下請産業の育成については第6章の分担生産で取り上げるので本節では技術波及効果を中心に議論した。

第 4 章

航空機産業におけるフラグメンテーションのあり方

　フラグメンテーション理論は Jones and Kierzkowski（1990）によってはじめに提唱された。企業が生産を細かい生産工程に分割しそれぞれの工程を生産コストの最も低い地区に立地させることによってコスト削減を図り競争力を高めるものとされる。本章では戦略的提携による分担生産とフラグメンテーション理論に基づく生産の工程別分業体制との比較検討を試みる。安価な労賃とサービスコストに裏付けられたフラグメンテーション理論効果を航空機産業に応用できるかを検討することを目的とする。実際にボーイング社は新型 B787 型機でこれまでの分担生産を進めた工程別分業生産体制を試みた形跡がある。この試みは量産機の大幅納入遅延という結果を招いたがその問題の奥にある原因を探りたい。

1.　生産のフラグメンテーションと工程別分業

　フラグメンテーション理論は工程別に国際的な生産分業体制を引いてサービスコスト・輸送コストなどのサービスリンクを押さえることによりコスト競争力のある生産体制にするという競争戦略に応用されようとしている。FTA が北米で進展し，EU の共同体化と拡大が進む中でアジア・オセアニアを中心にTPP も議論を呼んでいる。ERIA は東アジア共同体を念頭に置きながら域内での分業体制を進展すること，それの基礎となるフラグメンテーション理論とその実践としての様々なサービスコストの低減を提唱している（ERIA 2010）。フラグメンテーションの簡単な図式を図 4-1 に示す。Ruane and Georg（1997）はアイルランドでの電子機器産業集積を紹介し，Giovanni Graziani（2001）は

図 4-1　フラグメンテーション模式図

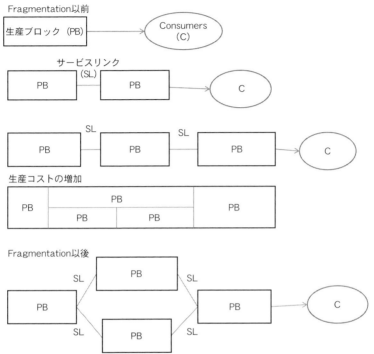

注：フラグメンテーション理論に基づく生産工程分業化の過程では，生産工程の細分化
　　の過程で生産ブロックが増えると生産ブロック間をつなぐサービスリンクが増加し，
　　それが追加コストとなる。
　　　フラグメンテーション理論に基づく細分化工程ではそのサービスリンクをFTA等
　　の政策導入により縮小し，トータルの生産コストを下げようとする動きを示す。
　　サービスリンクには通関，ロジスティック，輸送インフラ，直接投資にからむ各種行
　　政サービスなどが含まれる。
出所：ERIA（2010）などから筆者作成。

イタリアでの繊維産業集積を紹介している。東南アジアをはじめとする新興国
でも Jones, Kierzkowski and Chen（2004）他が電子機器産業をはじめとして
アウトソーシングを伴った分業化の進展を指摘している。この様な繊維産業や
電子機器産業の様な開発コストが比較的安く，大量生産が可能な産業では工程
細分化の進展がみられる。言い換えると，モジュール化が進んだ産業では生産
の細分化が比較的容易とされる。

　ただし，これには2つの条件がある。一つは生産工程間のサービスコストを低減させること。ここでいうサービスコストは輸送費・関税だけでなく通関・貿易手続きが簡素化されることである。もう一つは生産拠点が分散しても，そのことにより十分全体コストが低減されることである。これは例えば新立地工場の労賃が十分本国よりも安いこと等である。前述の通り，2国間FTAの進捗・TPPの議論などで推進の大きな基礎理論となっているフラグメンテーション理論だが必ずしも当てはまる産業が多いとは思われない。例えば自動車だが，自動車をモジュールの塊とみるか，すり合わせ産業の典型かとみるかによる。モジュールの塊ならモジュール毎に立地が変わってもサービスコストが下がれば十分集約化による規模の経済性の恩恵を受ける可能性が大きい。事実日本の自動車メーカーは多くが東南アジア，特にタイ，インドネシア，マレーシア等に部品も含めた工場を増設しつつある。

　一方でまだ自動車産業でも部品産業は日本からの海外展開が主流のようである（武石 2000）。低賃金国での直接投資に進出した国でも部品調達は日本からの輸入と同国または近隣国に進出した日本での下請け部品会社からの購入が中心の様である。

　フラグメンテーションによる工程別分業化の問題点は各分業工程のコミュニケーションの低コスト化が可能であるかどうかと考える。地理的に離れた工場でもインターネット等の活用で生産ラインの組み替え，工作機械の交換等までできるかどうか等の検証が必要である。日本の自動車産業では下請け部品メーカーのチーフエンジニアクラスが親メーカーの工場まで話し合いに行って設計変更している段階では設計は日本から移せない。電子機器のハードディスクやモジュール部品の様に設計変更とともに部品がメーカーごとに変更可能な場合には工程別分業化は今後大いに進展していく可能性が高い。

2．国際的分業と戦略的提携による分担生産

　国際的分業が進展するためには前節で解明した輸入税・通関コストを含むサービスコストの低減以外に政府の財政的支援体制も条件となってくる。サー

ビスコスト以外に政府の金融的・財政的リスクを念頭に置かなければならない。例えば Ruane and Goerg（1997）と Giovanni Graziani（2001）によるアイルランドの電子機器産業の集積とイタリアの繊維産業集積だが，アイルランド・イタリアが最近のギリシャ・ポルトガル・スペイン等に前後して EU の金融破綻国となりつつある現在でも同様に発展し続けているのか，再調査してみる必要がある。果たして EU 内での金融的問題国となってもアイルランドでの工程分業化は進展できるのかということである。政府の財政状態が破綻しても産業政策への優遇措置は果たして続けられるのであろうか。現実にアイルランドの電子機器産業の好調には陰りがみられている。

　自動車産業の分担生産による効果は武石（2003）他にも研究は尽くされているが自動車メーカーと下請け部品メーカーとの日本国内での分業に多くが割かれている。海外での分業となると自動車メーカーの海外進出に伴う部品メーカーの同じく海外展開を待たねばならない。これは以下で取り上げるフラグメンテーション理論による工程別分業化に反して現地化された部品メーカーの成長を待たねばならないことになる。電機産業の分業化は Christensen, Suarez and Utterback（1998）では 1975 年から 1990 年までのハードディスク産業のデータから独占企業の新技術への対応の遅れが指摘されているが，短期的な機種交換による提携の終了は持続的な提携を想定する戦略的提携とは相いれないし，また巨大化した部品メーカーはさらなる発展のためには自らからのブランドを持つことになる。N. Yamashita（2010）ではフラグメンテーション生産に伴い，スキルがアップグレーとされ賃金が上昇したことが指摘されているが，これは電機産業のモジュラー化された部品ではその生産量の増加で生産性の上昇に伴う賃金上昇が考えられるがこのことがスキルのアップグレードにつながったかは疑問である。武石（2000）の指摘のように自動車産業ではまだまだすり合わせの部分が多いことが指摘されている。仮に自動車産業で短期的に電気自動車が急速に普及し，その結果モジュール化が進むことになれば論理の展開は変わってくる。

　自動車，電機以外にも半導体，電機通信等の多くの産業で広義の戦略的提携が競争戦略の重要な一つとして捉えられている。ただ，現状では半導体産業でも見られるように，大きな設備投資のリスクを回避するために戦略的提携をと

る場合が多いように見受けられる。また，規模の経済性を背景の短期的な提携が大部分を占める。半導体のように大きな設備投資が必要な場合，技術革新が進んであるコンポーネントで圧倒的なシェアを持つ場合には提携をしても，モデルチェンジが早く，永続的ではない場合が多い。つまり，価格競争力的または市場支配力に強い企業には提携が持ち込まれるが，いったんモデルチェンジ等でその製品に競争力がなくなると提携は解消されていくことが多い。そしてそのサイクルが短い。このような場合には短期的な提携しかあり得ない。国際的分業は多くの場合，このような形態をとる。また，台湾の電機産業等では工程別分業生産体制が単純な垂直統合から進化していることも特記に値する。この工程別分業生産体制はフラグメンテーション理論の具現とされ，東アジアでの電子機器関連の生産体制で注目されている。この工程別分業生産体制はモジュラー化の進んだ電子機器産業ではすでに進展しており，自動車産業でも施行されつつあるが自動車メーカーを知り尽くした部品メーカーの海外展開が不可欠であり，下請け産業の未発達な航空機産業ではまだ進展していない。ここにフラグメンテーション理論で主に取り上げられているのは労働コストとサービスコストである。労働コストは文字通り労賃である。労賃の安い国で部品を作って最終需要国へ輸出する。また，サービスコストは輸送費および通関・関税などの諸費用，さらに輸入手続きなどを含む政治的コストを指している。この労賃とサービスコストが安くなり，関税が撤廃されれば，特に東南アジアではASEANで関税が撤廃されているので自動車・電機は日本で生産して輸出するより，東南アジアのインドネシア・タイ・マレーシア等で生産し，最終需要国である中国等へ持ち込むのが有利，それがTPPの基本原則になっている。そのために日本から生産拠点を東南アジアに移し，その基盤整備のために日本は東南アジアのインフラ整備を計ろうという考えである。

　戦略的提携による分担生産は当初大きな開発費を一社で負担できなくなったこと，開発から大量生産に結び付かないリスクを共同生産による分担での軽減を図ったこと，極度の寡占化によるこれ以上の競争阻害への配慮，マーケティング上の理由等から開始されたがその後参加パートナーの経営資源を提携プロジェクトで共同化することからパートナーからの提案型イノベーションの開発につながり，さらに参加し続けることによる技術をはじめとする波及効果まで

つながっている経緯がある。もちろん，競争政策上からも評価されるべきことは次項でも解説するが，ここでは先の戦略的提携の派生効果から分担生産を取り上げその特徴を具現する。例としてボーイングとの共同生産の派生効果について例示する。

ⅰ．三菱重工業は1969年ボーイングB747エンジン関連部品生産を契約しボーイング社との協働を開始した。

ⅱ．1971年ボーイングはF4ファントムを航空自衛隊に納入その後この機種と後継F-15は三菱重工業がライセンス生産することになる。このライセンス生産時，日本側の新素材PAN系炭素繊維を使った技術力をボーイングが認め民間機のパートナーに起用する。

ⅲ．1978年B767の共同生産開始当時，ボーイングにとって日本企業は下請け先であり，開発費の分担先であった。設計はすべてボーイングが行い日本企業はそれに基づき部位を生産するいわば支給図面方式の参画であった。B767への日本企業は15％であった。

ⅳ．B777の生産には当初から設計に参画，いわゆる承認図方式の下請けに近い存在となり分担率は20％で日本が最大の参画国となった。また日本の全日空がB777のローンチ・カスタマーの1社であったこともあり日本の航空会社もB777設計に参画する。

ⅴ．B787ではさらに図4-2の通り35％まで分担範囲を広げ重要なパートナーとなった。一方でボーイングは設計の省力化を図るため，部位間の独立性を高めた細分化に近い設計スタイルを導入した。しかしながらこの設計スタイルは部位担当企業間のコミュニケーション不足により工程間に問題が生じたようで大幅な納期遅延を引き起こした。

ⅵ．この例から推論できることは，細分化を進めるときには工程間でモジュール化が進んでも全工程を把握するトータルインテグーションが可能かどうかを事前によく検討する必要がある。それが不可能な場合には極度の工程細分化はできない。大型航空機共同生産でも図4-3のように分担生産は可能だが分担部位間の高度な統合能力が求められており，そのトータル・インテグレーション能力派範囲内の分業が限度であった。

ⅶ．さらにこの共同生産は主要各パートナー企業がB767からB777まで経験

図 4-2　ボーイングの各機材における日本企業の担当割合

単位：%
40
30
20
10
0
16%
21%
35%
767型機
777型機
787型機

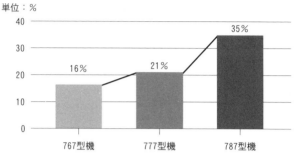

注：重要担当部位のみでなく，担当割合も B767 から B777 に比べ B787 は約 35%まで任せられるようになった。
出所：ボーイング・ジャパンの WEB より入手。

図 4-3　ボーイング B787 分担生産図

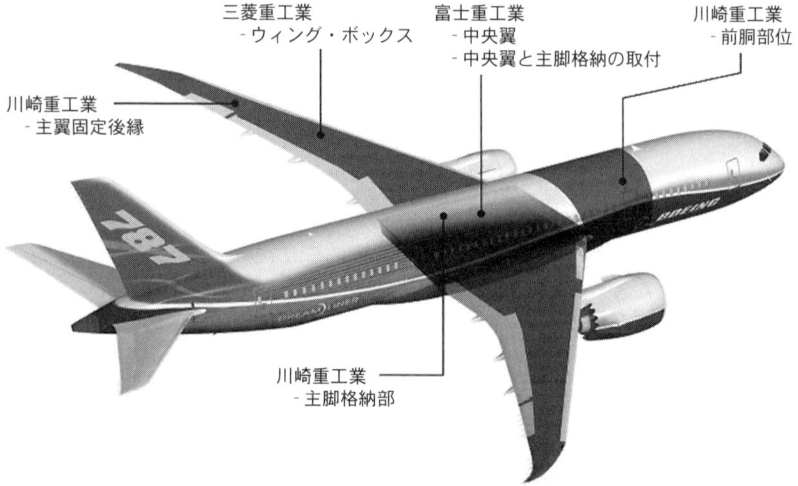

三菱重工業
-ウィング・ボックス
富士重工業
-中央翼
-中央翼と主脚格納の取付
川崎重工業
-前胴部位
川崎重工業
-主翼固定後縁
川崎重工業
-主脚格納部

注：上記図は最新鋭 B787 の分担生産区分である。B767 や B777 に比べ主翼を始め重要な部位を任されている。これまでボーイング社が独自で設計生産してきた主翼部分を三菱重工業に委ねている。これでボーイングの独自設計・生産はコックピット周辺（前頭部）とトータル・インテグレーションなどに絞られる。
出所：ボーイング・ジャパンの WEB より筆者が一部改変。

を積んだ企業が中心であった。もし，分担参加企業にこれまでの経験がなければさらに大きな問題となっていた。その可能性は次節以降で検討する。

　この様に一般的には戦略的提携による持続的な分担生産は今後も航空機をはじめとしてかなりの産業で増加していくと考える。しかしながら全工程をまとめるトータル・インテグレーション能力の範囲内でという条件はつきまとう。次にシンガポールでの航空機産業における取り組みを取り上げる。

3.　航空機産業におけるフラグメンテーションの特徴

　シンガポールでは航空機産業関連部品メーカーの輸出が伸びているという報告があり，今後の自由貿易の進展と政府の産業政策の積極さが鍵となる様相である。シンガポールは航空機産業を積極的に助成する産業に位置付けており，優遇税制等で恩典を図っているという報告もある。国の産業政策で育成を保護しているのである。しかし，仮に部品産業として航空機産業が進展してもさらに将来航空機産業全体として発展できるかは別の問題である。部品生産工程は十分競争力をつけても航空機産業全体としてはどうかということである。これは航空機産業における航空機を製作することと，航空機部品を製作することは異なるということである。ただ，シンガポールの航空機部品産業は相当の部分まで航空機産業主導ではなく，航空産業（航空会社，エアラインを指す）または航空機整備産業主導であるということがある。事実シンガポールには航空機メーカーはない。すなわちシンガポールの航空機部品メーカーは航空機を知らずに部品を作っているのである。この場合台湾・中国のハードディスク等電子機器部品メーカーのように部品メーカー間の価格競争に巻き込まれた時，本体たる機体のない苦しさに陥るのではないだろうか。また今後航空機部品の仕様が変わったとき顧客たる航空機メーカーが身近に存在せず迅速に対応できるであろうか。シンガポール航空機産業の中心企業である Singapore Technologies Engineering（STE）の概要を以下に示す。部品製作はメンテナンス・オーバーホールに伴う部分である。プログラムにある機種メーカーと個々に契約をして航空会社向けにサービスを提供するのが主な業務である。

　会社グループ組織図とプログラムからこのグループの業容は主に航空機整備と補修であることが見て取れる。つまり新型航空機製造には主幹会社・パートナー企業としては携わっていないと考えられる。Tier-2以下の下請け企業というわけである。このような業容でも航空機産業は参入可能な状態であるといえるのではないか。日本で例を挙げるとジャムコや日機装あたりに近い存在といえる。

　一方でシンガポール政府の振興産業として優遇措置を受けていることがはっきりしている。このような優遇措置を受けている国・地域とそうではない地域の産業を労働コストの大小で比較するのは早計である。

　前項までの考えにははたして熟練労働力の安価なる調達がどの国でもできるかという問題を提起したい。ひとことで熟練労働力とまとめても経験を積むことのできる熟練労働力と経験を積んでも熟練になれない労働力があるのではないだろうか。例えば建設作業は現場経験を積めば年数を経ればある程度熟練になれる産業かもしれない。一方で航空機産業の熟練労働力は東南アジアにはほとんど存在しない。中国・韓国でもまれである。航空機産業の熟練労働者はアジアではほとんど日本にしか存在しない。作業の種類は分類上，ある作業は旋盤工，ある作業は溶接工とされるかもしれないが，航空機の旋盤工・溶接工はほとんどアジアでは日本にしか存在しない。これはアジアでは現在日本でしか民間航空機が生産されていないからである。ではいずれ日本以外でも航空機産業の熟練労働者が現れるだろうか。このためには現在航空機を生産している日本または欧米の企業がアジアに工場を設立することが必要条件である。以前にインドネシアでは航空機産業を育成しようとした。ところが独自設計の新作飛行機は大枚をはたいてアメリカから雇ったGEのエンジニアが大挙して設計し，試作機を飛ばすことはできた。しかしながらGEがエンジニアを引き上げるとその試作機が二度と空を飛ぶことはなかった。インドネシアは現在でもターボプロップ機を生産し続ける南アジアでの最大生産国である。（Parks and Sanderson 2000）ではこの時のスペインとインドネシアの提携は宗教的・社会的にスペインCASA社とインドネシアIPTN社が融合できなかったためとしている。一般的にはインドネシアの政治的な動揺が主因という意見は大勢を占める。筆者はここでIPTNという会社のリソースの欠如を主因にあげたい。

図 4-4　Singapore Technology Engineering 組織図とプログラム

社名　Singapore Technologies Engineering
所在地　Singapore
グループ組織図（Aerospace　セクターのみ）

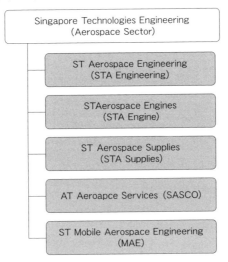

経営実績

年	売上高 (S.$1－Mil)	税引き後利益 (S.$1－Mil)	従業員数 （平均）人
2005	1,263	210.3	5,057
2006	1,673	255.0	5,880
2007	1,835	270.5	6,757
2008	1,938	225.7	7,081
2009	1,872	185.7	7,253

プログラム
➤ MRO（メインテナンス，修理，オーバーホール）
　❖ MD-11, DC-10, B727/B737/B747/B757/B767/B777, A300/A310/A320/A340
　❖ Fokker50, Bell, Super Puma, A-4 Skyhawk, GEnx-1B, GE-nx-2B
➤ 改造
　❖ B727/B747 sec41, DC-10/MD-11/B727/B757
➤ アップグレード
　MD-10, F-5, F-16 他

図4-5　IPTN社の概要

❖ 従業員数

10,981人（1997年）
15,801人（2000年9月）
9,670人（2003年工場閉鎖時）
3,720人（2004年）
2,000人（2007年）

➤ 2000年前後のスハルト政権崩壊とハビビ政権誕生までは順調に従業員数は増加を続け政府の幼稚産業育成策は成功したかにみえる。

➤ その後の政権交代で従業員数は減少を続け業務縮小は続いている。民営化も俎上には上っているが実現していない。

❖ 固定翼機

機種	席数	生産機数	組立開始	備考
CN212　Aviocar	20	95機（'97/12）	1976	ライセンス生産 2006年C-212-400の生産をスペインからインドネシアに移転することで合意。
CN235	35〜40	157機　生産分担 ・水平安定版，垂直安定板，ラダー ・外翼，外側フラップ，エルロン，ドア ・中胴，後胴は両社で各々製作		
N250	60			自主開発
N250-100	64〜68			
N270	70			
N2130	130			自主開発（中止）

スペインCASA社のライセンス生産機CN212は国内航空会社および軍用に順調に生産を続けている。今後CASAから生産移転を受ける予定。

おなじくCASA社との共同生産機CN235も生産工程が遅れながらも受注残は抱えている。軍用・輸送用として資金面で改善し，工程が改善されれば，競合機種は少ないので今後の受注も可能と思われる。

上記以外のN250/N270/N2130は製造を中止している。

❖ ヘリコプター

機種	生産機数	組立開始	備考
NBO105	121機（Mid-96）	1976	ライセンス生産
NAS332 Super Puma	25機	1981	ライセンス生産
NBELL412	27機（95/9）	1984	ライセンス生産

❖ 部品製作下請機種

B757（終了）/B767（終了）/A330/A340/A380/F16/B737

大胆な言及をすると IPTN には航空機を自分たちだけで製作した人材がいな
かったのである。IPTN（現 IAe）社の現況を下記に示す。全盛期の見る影も
ない IPTN だがスペイン CASA（現 AEDS スペイン）からライセンス生産機
CN-212 の生産を移管されたことは今後も航空機生産を続けられる要因となっ
ている。

　ここでインドネシアとの比較に日本を引き合いに出すのはいささか無理があ
るので，ブラジルを例にとる。ブラジルには現在世界第 4 位の航空機メー
カー，エンブラエルがある。（竹之内 2004）はブラジルにエンブラエルのよう
な最先端企業が勃興したことはメタ・ナショナリズムで説明している。また
（Rabelo and Vaseoncelos 2002）はブラジル経済危機下での例外としてエンブ
ラエル民営化の成功をあげている。多くはガバナンスの統一された同族経営企
業の民営化が成功したとしているからである。（Kapstein 1995）はエンブラエ
ルを筆頭とするブラジル政府の国営防衛産業民営化政策自体の成功を主因にあ
げている。民営化の成功要因は国内的競争のなかった防衛産業であったからと
している。筆者はこれら以外にエンブラエル社の技術革新力の中心としての人
材育成力を主因にあげたい。エンブラエルは 1968 年設立後から独自で航空機
を設計生産してきた。農業用汎用機イパネマは総生産機数 800 機以上の大ヒッ
ト機であり，軍用機に入るが簡易練習機ツカノは現在も改良されながら生産さ
れている名機である。これは労賃が安い国であったからだけでは説明できな
い。同じ意味で戦前から名戦闘機を輩出した日本も人的資源の豊富な航空機生
産国である。

　一方でエアバス設立時にこれに参加したフランス・ドイツは現在も有数の航
空機生産国であるが，これに乗り遅れたかつての航空機先進国オランダ・ス
ウェーデンは遙かに見劣りがする。ボーイングとの提携を続けたイタリアとの
格差も著しい。

　このように戦略的提携にはフラグメンテーション理論で説明される労働コス
トとサービスコストだけでは説明できない大きな要素が存在している。

　さらにこの産業での業務の認定にはその国の監督官庁の能力が深く関わって
いる。航空機であれば当国航空局が国際的に認定されなければ航空機産業の工
場は成立しない。これはその国の航空機工場を監査するのはその国の航空当局

図4-6　エンブラエル社の概要

❖ **社名**　Embraer　（Empresa Brasileira de Aeronautica S. A.)
❖ **本社**　ブラジル
❖ **社歴**　1969年8月　ブラジル政府が89％出資し設立
　　　　　1994年民営化
❖ **経営状況**

年	売上高	営業利益	純利益	従業員数
2004	3,352	544	380	14,648
2005	3,790	510	446	16,953
2006	3,760	343	390	19,265
2007	5,245	374	489	23,734
2008	6,335	537	389	23,509
2009	5,948	379	465	16,853
2010	5,364	392	330	17,149

❖ **航空機主要製品（民間機のみ）**
　受注・納入状況

機種	席数	確定受注	納入機数	備考
Light aircraft			2,465	
CBA123	19			開発断念
EMB110　Bandeirante　プロペラ輸送機	19	500	500	
EMB120　Brasilia プロペラ輸送機	30	354	354	
EMB121　Xingu プロペラ輸送機	6～9		109	生産終了
EMB201/202　Ipanema 農業機			826	
小計（プロペラ機）			4,250	
ERJ135　ジェット輸送機	37	108	108	
ERJ140　ジェット輸送機	44	74	74	
ERJ145　ジェット輸送機	50	708	706	
Embraer 170　ジェット輸送機	70	191	181	
Embraer 175　ジェット輸送機	78	173	133	
Embraer190　ジェット輸送機	98	478	321	
Embraer195　ジェット輸送機	108	105	64	
		1,837	1,587	

　　機種の受注と納入他からプロペラ機で十分な実績を積んだ上でさらに高度なジェット輸送機
へ，さらに表にはないビジネスジェット機へ商品をうまく乗り換えているのがよくわかる。
ジェット輸送機もニッチであった40席から75席クラスから90席から110席クラスへ移行して
いる。これがうまくボーイング・エアバスの間隙を縫ったマーケティングになっていることも興
味深い。

であるからである。航空局が信用されなければいかに立派な工場を建設しても国際的には存在価値のない工場となる。これはロシアの航空機産業がソ連崩壊でほぼ壊滅状態になったことで叙述に証明されている[1]。ソ連時代はソ連の認めた工場での製品は共産主義国であれば全く支障がなかった。ところがいったんソ連が崩壊し，共産主義社会が霧消されるとロシアの航空機産業は全く市場が消滅したのである。こうしてロシアの民間航空機は市場から退場した。その後世界で認められているのはアメリカ連邦航空局（FAA）とEU航空当局（JAA）である。日本の国土交通省航空局でさえ，まだ十分世界的に未止まられているとは言い難い[2]。ところがブラジルの航空局は米FAAに信頼されている。エンブラエルは米国市場ではほとんど米国の会社の如く自社のブラジル工場での製品を販売している。EU市場でも同様である。これには第2次世界大戦直後からの数々のライセンス生産，独自設計の練習機ツカノや農業機イパネマの実績さらにプロペラ機バンディランテ・ブラジリアの欧米での多くの実績に伴う世界的な信用が大きくものをいっている。つまりブラジル航空局は日本の航空局よりも世界的には地位が高いのである。それは自国生産の輸出モデルを持っている故である。つまり航空機を生産している国の政府航空局はグローバルな意味でも信頼性が高いのである。極言すると，YS11を生産していた頃の日本の航空局は現在の航空局より信頼性が高く，ブラジルの航空局はさらに遙かに信頼されているのである[3]。

小括

　航空機産業における戦略的提携での分担生産はフラグメンテーション理論に基づく生産体制の細分化では説明しきれなかった。これは航空機産業独自の培われた技術力を低賃金の労働コストでカバーしきれないことと保たねばならな

1　ここであげる航空機産業はあくまでも民間航空機である。軍需産業は含まない。
2　このことは三菱重工業が設計生産したMU-300型ビジネス・ジェット機が全く市場に受け入れられなかったのに対し，これを購入した米Beechcraft社はHawker400として700機以上を販売している。いずれも同じ米国の工場で生産された。これは販売力の差だけでは説明できない。
3　杉浦（2005）は航空当局の信頼性向上を提唱している。

い高い安全性から導かれた厳しい品質基準は細分化できないことが主因であった。品質基準の根底には欧米主導の認証基準の高さが障壁として残されている。

第5章

ボーイング社の競争戦略，特に日本企業との提携

　本章ではボーイング社をモデルにその競争戦略を戦略的提携の顕著な例である分担生産の観点から取り上げる。ボーイング社は B747 の生産まではほぼ自社のみで生産を行ってきた。B747 は当初国防省向け軍用輸送機用に設計されたものを民間用に転用したためか開発費は小さくて済んだ。これは当時このサイズの超大型旅客機が存在しなかったので圧倒的に支持された。参考までに同社の納入機数を年度別に示す。

　B767 はボーイング社がそのベストセラー機 B727 の後継機として 1980 年代に就航を開始した中型広胴機（ワイドボディ）[1] である。B767 は当初計画時 B7X7 というコード名で呼ばれ，イタリア・日本との共同設計・共同生産が確定し B767 という正式名称を付けた。B767 を開発するに当たり，強力なライバル機エアバス A300 が存在していた。これに対抗するためにボーイング社は共同設計・共同生産を打ち出す。ここからボーイング社の戦略的提携を大きな軸とした競争戦略が始まった。ボーイングの共同設計・共同生産体制は新鋭機 B777 を経て，現在生産中で 2010 年引き渡し・就航予定の B787 まで続いている。前半で現行機 B767 と B777 の共同設計・共同生産を取り上げ，後半で開発中の B787 共同設計・共同生産を取り上げる。

1. B767 の共同生産

　まず，現在すでに生産中で引き渡しが始まっている B767 及び B777 の共同

1　一般に客席（キャビン）に 2 本通路のある航空機を広胴機（ワイドボディ）という。これに対し，1 本しかない航空機を狭胴機（ナローボディ）という。

表5-1 ボーイング社各機種・年度別納入機数

機種 年	B717	B737 Classic	B737 NG	B747	B757	B767	B777	B787	MD-11	MD-80	MD-90
年別の出荷機数と受注残（1996年から2009年）											
1996		76		26	42	42	32		15	12	24
1997		132	3	39	46	41	59		12	16	26
1998		116	279	53	54	47	74		8	8	34
1999	12	42	278	47	67	44	88		4	26	13
2000	32	2	278	25	45	44	55		2		3
2001	49		299	31	45	40	61				
2002	20		223	27	29	35	47				
2003	12		173	19	14	24	39				
2004	12		202	15	11	9	38				
2005	13		212	13	2	10	40				
2006	5		302	14		12	65				
2007			330	16		12	83				
2008			290	14		10	61				
2009			372	8		13	88				
納入計	155	3,132	3,128	1,418	1,049	982	836	0	41	62	100
受注残	0	0	2,076	108	0	59	308	851	0	0	0

注：MD-11，MD-80，MD-90は統合したマクダネル・ダグラス社から引き継いだ機種。MD-90
は B717 に引き継いだ上で，いずれも生産中止している。
　　B757 は生産中止し，後継機種は B787。B747 はエアバス B380 に対抗できず新機種を中止して
いたが貨物用の新型機を受注開始した。
　　B737 は旧型（Classic，-100，-200）から新型（-300～-900）にモデルチェンジして生産を続
けている。
出所：社団法人日本航空宇宙工業会，『世界の航空宇宙工業　平成22年度版』

生産体制を分析する。B767 はボーイング社が初めて共同設計，分担生産とい
われる共同生産を始めた大型旅客機である。この共同生産にはエアバスという
強力なライバルの存在を外すことはできない。エアバスはすでに EU 共同体で
A300 をフランス・ドイツ・スペイン・英国（エアバスには不参加）で共同設
計・分担生産で始めていた。これに対抗すべく，ボーイング社は B767 という
新型機を発表するがこれにイタリアおよび日本の参加を呼びかける。イタリア
は上記 EU 共同体のエアバスに参加しておらず，ボーイングの誘いに応じた。
日本はこのボーイングからの誘い以外にも共同開発の誘いはあった。日本では

各航空機メーカーで独自に参加する方策もあったが当時の力では交渉能力はなかった。また，この当時は一機の飛行機を多国籍で分担生産するという発想はまだなく，エアバスに触発されたとはいえ，画期的な生産方式ではなかったかと思われる。この方式はその後，たとえば造船業の分担生産等に引き継がれていくプロセス・イノベーションの一つと評価する。

　B767での成功を元にボーイング社は日本に新型機B777の共同設計・共同生産を発展させる。これはB767で日本・イタリアの企業がボーイング社の期待にこたえて結果であり，日本・イタリアでも最先端の航空機生産に携われ続けたというメリットは享受した。もし，この提携がおこなわれていなかったら日本もイタリアもその航空機産業の衰退は明らかであった。その例は名機F27フレンドシップ，その後もF50，F28，フォッカー70，フォッカー100と生産を続けたオランダ・フォッカー社のその後の衰退を見れば明らかである[2]。

1.1　B767の共同開発以前

〈YS11プロジェクト〉

　ボーイングB767プロジェクトに入る前に国産初の中型旅客機YS11プロジェクトを簡単に振り返ってみたい。後述するが，YS11機の生産中止，さらに引き続く後継機の頓挫が日本の機体3社を中心とする航空機メーカーをB767プロジェクトへの参画・注力に結びつくからである。

〈YS11プロジェクトの概要と遺産〉

　YS11は日本航空機製造（NAMC）という政府・民間共同出資会社を設立して1962年から1974年まで計182機生産された純国産航空機[3]である。YS11プロジェクトで巨額の赤字が貯まった大きな原因は，設計変更に伴うコストアップをNAMCが背負い込んだことによる。設計変更のたびに各社からの値上げ要請に応じ，その注文価格をいちいち上げていった。このために製造コス

2　オランダ・フォッカー社は1919年創業の老舗企業だったが，1996年に経営悪化，親会社独ダイムラー・ベンツ社が救援資金を停止，転売を図ったが買い手が見つからず1997年倒産した。
3　ただし，最重要部品であるエンジンは英国ロールス・ロイス社製であった。

トが非常に高いものになってしまった。NAMC という寄り合い所帯では出身母体である参加各社を抑えられなかった。これに対し B7X7 プロジェクトでは少々の設計変更をしても値段は上げなかった。これが B767 のコスト競争力につながった。

　ただ，それでもエアバス A300 に比べて少々高かった。このためエアバスと競争するためには製品差別化が必要であった。その製品戦略の切札が後述する「ツーマンクルー・コックピット」であった。

〈YX プロジェクト〉

　YX プロジェクトとは上記 YS11 型機が量産されていた 1966 年に航空機工業審議会（航工審）が委員会を発足させ，「次期民間輸送機のための研究」調査を行いこの調査報告に基づいて NAMC は内部に「YX 開発本部」を設け，基礎設計，市場調査，諸試験の実施を始めた。NAMC の「YX 仕様検討委員会」は YX-B,YX-C 案（150〜180 席機）及び YX-D 案（200〜250 席機）を発表，まず 150〜180 席機を検討開始した。

〈YX プロジェクトの迷走〉

　当初 NAMC は YS11 の拡張であるターボプロップエンジン機「YS33（開発）構想」も発表した。この YS33 とともに YX-B，-C，-D と 4 案が一時平行して進められていた。ところが，「YX 仕様検討委員会」はこの「YS33 構想」とともに YX-B，C 案も無公害ハイテクの適応エンジンの存在がなかった等から白紙還元，大型機の YX-D 案のみが浮上した。この種の大型機は全世界を市場とする必要があったため，技術力・資金力の面から国際共同開発の考え方が中心となっていった。当時 YS11 の巨額赤字に苦しんでいた日本では国内需要がある程度は見込める 150〜180 席機ならともかく，海外・国際線中心のマーケティングを考えねばならない大型機の単独での開発・生産は不可能であった。

〈YX プロジェクトから B767 プロジェクトへ〉

　当時，日本にはいくつか大型機の共同開発案が持ち込まれていた[4]。

①　ボーイングの 7X7 共同開発提案

②　ダグラスの DC11（双発）共同開発提案

③　ロッキードの L1011（双発）協同改造提案

④　BAC，Fokker 等からの共同開発提案

　この中から日本（NAMC）は①のボーイングの B7X7（のちの B767）共同開発プロジェクトを選択する。日本（NAMC）はいくつかあった共同開発提案の中からボーイングと B7X7（イタリア・日本との共同開発が正式に決まって B767 となる）共同開発提案を受け入れる。この理由は，

①　ボーイングとの共同開発は対等な契約であったこと

②　ダグラスは主導権のない下請け契約であったこと

③　ロッキード L1011 は純粋な新型機ではなかったこと

④　ヨーロッパ勢とは当時開発の進んでいたエアバス A300 との競合があったこと，

が挙げられる。

　一方ボーイングにとってもイタリア・日本との共同開発・共同生産は政治的・税制面で優遇を受けていたエアバスとの対抗上避けられなかったのである。もはやこのような大型機をボーイングといえども民間会社単独で開発できる状態にはなかったのである。

〈日本の共同開発・生産体制〉

　日本はボーイングとの共同開発・共同生産の契約に先立ち，日本側の体制を(財)民間輸送機開発協会（CTDC）を設立して窓口とした。これは，高い率の政府補助金を受け入れやすかったので事業団方式を検討してきたが，組織如何にかかわりなく高い補助金を受けられることになったのでより民間主導型の財団法人となった[5]。ここに CTDC は NAMC からの YX 計画をボーイングの B7X7 計画に合体させた。

4　航空宇宙問題調査会発行，「YX-767 開発の歩み」，1985 年，36-39 ページ。

5　航空宇宙問題調査会発行，「YX-767 開発の歩み」，1985 年，66-68 ページ。

〈日本の分担率〉

　当初日本（CTDC）はボーイングとの50:50の対等分担率を求めたが，すでにイタリア・アリタリア社との共同開発を決めていたボーイングにとって，また当時の日本の技術力・資金力から「対等」は到底不可能であった。分担率は当初日本の目論見であった50％は提案すらもできず，当初の30％の提案に対し，結局15.2％に落ち着いた。また当初日本の悲願であった「一部最終組立を日本国内で行う」ことも退けられた。

〈調整費の発生〉

　ボーイングからの対等の共同事業を前提とするならば相応の"Equivalence"を負担してもらいたいという要求で始まった調整費（参加費，較差調整費，または「のれん代」とも表現された）は日本側がP/P（Program Participant）方式を取り，すなわち対等の共同事業参加を放棄したために契約条項から姿を消したがマスコミでも取り上げられて話題になった。これが後に屈辱的な下請契約と批判されることにもなった。

1.2　ボーイングB767の国際共同生産体制

　B767プロジェクトで日本企業は，設計部門の技術者が多数参加していたものの，ボーイングとイコール・パートナーというには程遠い関係にあった。ボーイングは日本企業を巨額の開発コストを分担させるためのコスト・シェアリング・パートナーとして位置づけていたに過ぎず，機材開発に日本企業を参加させるのに消極的であり，国際共同開発とはいえ日本企業は部分的にコンポーネントを供給するだけの下請け的な性格の強い存在に過ぎなかったというのが一般的である。しかし果たしてそうであろうか。既に述べてきたように日本の航空産業はYS11の生産中止後，YXプロジェクトと称して独自の航空機開発を目指してきた。しかしそれは結局実現せず，ぎりぎりの選択がボーイング社とのB767共同開発であった。しかしながらこの国際共同開発への参加で日本の航空機産業は大型民間航空機を下請けとはいえ生産し続けることができたのである。これがYS11の中断後何の国際共同開発に参加できなかったら日

本の航空機産業は世界から取り残され，その衰退は明らかであったと思われる。下請けで，14.2％の参加とはいえ世界一の航空機メーカーとの共同生産に取り組むことのできた事は意義深かった。製造業にとっては唯一生産し続けるということが企業の存続・発展をつなげることができるのである。

〈日本企業の参加〉

　日本企業の参加については表5-1及び図5-1を参照いただきたい。確かに主翼・コックピット（操縦室）等最重要部分は含まれていないが，十分必要な部位を任されていると考えられる。交渉の途中で「調整費」などという半ば屈辱的な参加料のような費用を求められたが，これは当時YS11プロジェクトが頓挫してYXプロジェクトなる国策プロジェクトも迷走していた状態では当然かとも思われる。このような本格的な大型ジェット輸送機の国際共同生産プロジェクトへの参加が実現したからである。また三菱・川崎・富士の三重工と「主翼リブ」の日本飛行機，「胴体構造部品・水平尾翼後縁」の新明和工業のプログラム・パートーナー（ここまでで14.2％）以外にもサブコン・サプライヤーとして表3の各メーカーが参加できたのである。これらの参加企業はほとんどがB777ではさらにB767と同じ5社のプログラム・パートナー，12社のサブコン・サプライヤーとして引き続き参加するのである。

〈分担率の評価〉

　当時は折半（50：50）に比べて14.2％はあまりに低すぎないかという議論もあったが筆者はこれで十分であったと考える。これ以上は難しかったという方が実情ではないか。それよりもボーイングとの共同開発・設計に加わったことによりボーイング他世界一流の航空機産業との協働ワーク，コラボレーションを経験できたことのメリットの方が大きかったのではないだろうか。ボーイングの厳しい技術的・価格的審査をパスできたことはほかの商品・産業への波及していくのである。他製品・他産業への応用・波及効果については前述のとおりである。

図5-1　B7X7（B767）分担最終案

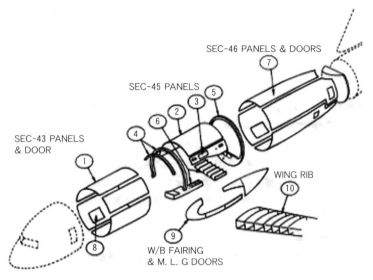

SEC-46 PANELS & DOORS

SEC-45 PANELS

SEC-43 PANELS
& DOOR

WING RIB

W/B FAIRING
& M. L. G DOORS

	SECTION		MHI	KHI	FHI
1	SEC-43	PANELS		○	
2		CROWN PANEL		○	
3		SIDE PANELS & DOORS		○	
4	SEC-45				
5					
6					
7	SEC-46	PANELS & ENTRY DOOR	○		
8	SEC-43 & 46 CARGO DOORS		○		
9	W/B FAIRING	AFT FAIRING			○
		FWD FAIRING &M. L. G DOORS			
10	WING RIB				
11	TAPERED STRINGER-FABRICATION		○		

注：MHI：三菱重工業，KHI：川崎重工業，FHI：富士重工業
　　後年のB777，B787プロジェクトに比べはるかに担当部位が重要部署を外れてい
る。特にコックピット（操縦室周辺）と主翼は図面自体からも外されている。この
頃のボーイングはこの様な重要部位を日本など他国メーカーに作らせる気は毛頭な
かったのである。
出所：航空宇宙問題調査会，『YX・767開発の歩み』，1985年。

表 5-2　YX/767 搭載部品の受注状況

会社名	品　目	
帝人精機	フラップ・エルロン・スポイラー等作動各種油圧機器類	15 品目
島津製作所	前縁・荷物扉等作動用各種油圧機器及びパワーユニット類	19 品目
川崎重工業（明石製作所）	前縁作動用ギヤーボックス	6 品目
三菱重工業（名古屋大幸工場）	主脚作動用油圧機器	1 品目
三菱電機（名古屋製作所）	燃料用及び補助動力装置用各種油圧機器	3 品目
萱場工業	前脚・主脚作動用各種油圧機器類	7 品目
住友精密	前脚用各種精密部品（MENASCO よりの受注品）	5 品目
新日本航空整備	ラボラトリー・ユニット一式	1 品目
小糸製作所	乗客読書燈ほか	2 品目
松下電器	乗客サービス用音響システム一式ほか	3 品目
東京航空計器	高度計	2 品目
ミネベア	脚部分油圧アクチュエーター用 10 種類	

注：川崎重工業・三菱重工業は後にプログラム・パートナーと呼ばれる需要部位を任せられた戦略
　　的提携先となる。これら以外はいわゆる下請け部品メーカーとして参画した。
　　ボーイングとの契約は各社独自ではなく日本宇宙航空工業会が通産省（当時）の指導で日本勢
　　としてまとめて受注した。単独でボーイングと契約するまでには至っていなかった。
出所：航空宇宙問題調査会，『YX/767 開発の歩み』，1985 年。

〈ボーイング B767 プロジェクトの残した成果〉

　ボーイング B767 が初めて採用して普及させたものに 2Man・クルー・コックピットの採用がある（図 5-3 を参照）。これは，従来小型機でしか認められていなかったもので当時はエアラインの労働組合から猛烈な反対運動が起こった。しかし現在では常識となった 2Man・クルー・コックピットは，航空会社のコスト削減におおいに貢献した。ただし私見だが，注 6 の DC-9-80 型機の例もあるように当時最大の巨人のボーイングの最新鋭機の B767 であったから採用されたものといえる。ほぼ同時期に開発されたエアバス A300 では DC-9-80 の事例と同様，風あたりが強すぎ，断念せざるを得なかったかもしれない。筆者は，これはボーイングの重要な競争戦略ではなかったと考える。当時新型航空機の導入機種を決めたのは航空会社経営者である。航空会社経営者にとって 3Man・クルーではなく 2Man・クルーですむ B767 は運行コストが大幅に引き下げられ魅力ある商品であった。当時としては航空会社の経営にパイロットの声はあまり強くは反映されていなかった。経営者にとって使い勝手の

図 5-3　2/3 Man Crew Cockpit

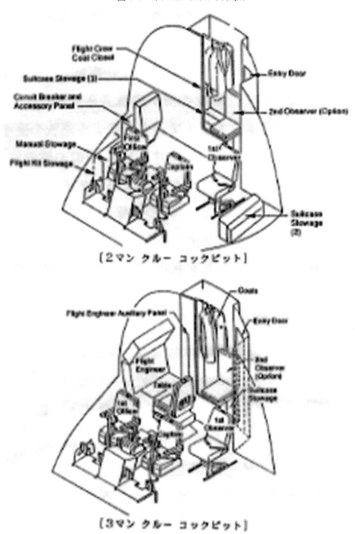

注：DC9-80　2Man Crew コックピットの事例　注6参照。
　　DC9-80以前の航空機はパイロット2人の後部に機器類を扱う航空技術士
（Flight Engineer）の席が設けられ併せて3人乗務体制であった。これをDC9-80
出始めて省略して2人ですべてを操作できるように配置した。これによる操縦の高
負担から乗務員組合から反対意見が出された。
出所：航空宇宙問題調査会，『YX767 開発の歩み』（1985 年）。

いい機体はそのまま競争力のある機体だったのである。さらにこの B767 プロジェクトでボーイングは日本企業という得がたいパートナーを得た。このことはアメリカ政府への強力な働きかけへの邁進の大きなバックアップになっていたのではないかと思う。すなわち日米共同開発というリスク・開発費の軽減でその分アメリカ政府への働きかけ等本来のマーケティング戦略により傾注できたのではないかと思う。またこれによりボーイング社にとっても日本企業はかけがいのないパートナーとなっていくのである。

2. B777 の共同開発と共同生産

ボーイング B777 はボーイング社が中型広胴機 B767 と大型広胴機 B747 の中間を狙って 1994 年に初飛行させた機体である。ボーイング社は B767 の共同生産が軌道に乗った 1990 年から次期中型機 B777 の国際共同設計・国際共同生産の計画を開始させる。当初ボーイングは新型機をエアバスの手法に習い B767 の派生型で進めようとしたがコックピットの設計等で改善をエアラインから迫られ，さらに最新技術・手法を取り入れるとして新設計の B777 として発足させた。

2.1 YXX プロジェクト

日本では，航空機国際共同開発促進基金は将来大きな需要が見込めるとして新型の中型民間輸送機（YXX）の本格開発着手に備えた作業をボーイング社と共同で実施してきた。これは航空機用燃料価格の安定，市場動向により 1994 年 2 月一旦凍結する。その後再開された共同開発事業は 1998 年に B777

---

6 最初に 2 Man Crew で型式許可を取ったのは米ダグラス社　DC9-80 型機だったが，Airline Pilot Association（エアライン・パイロット協会）が DC9-80 型機を 2 Man Crew で運航するのは安全ではないと FAA に異議を申し立てた。レーガン政府による調査会を経てこれは承認された。この時 B767 の 2 Man Crew Cockpit も承認された。（航空宇宙問題調査会発行，前掲書，PP.360-361。）

型機の基本機及び派生型機（B777-200 と B777-300 となった）の開発事業として正式に再開された。日本側はこの凍結期間中にボーイング社との共同開発を断念して独自，または他社との共同開発も検討された。B777 プロジェクトの正式な再開で日本側は B767 に続く国際共同開発・生産に携わることとなる。ただ上記の凍結理由の一つの航空機燃料価格の安定（低下）という理由がB777 の最大の特長である燃料の節約という魅力を半減させていたということが今では納得できる。

2.2　ボーイング B777 の国際共同開発・国際共同生産体制

　このプロジェクトには既に B767 プロジェクトで共同設計・生産のパートナーとして成功・実績を上げていた日本企業も当初からリスク・シェアリング・パートナーとして参加する。最終的には設計・生産で 21％という作業分担を獲得し，その他，サブコントラクターとしても B767 同様に日本企業の参加が認められた。

　ボーイング B777 の国際・共同開発・生産プロジェクトは "Working Together" というキャッチ・フレーズで進められたがその方式には革新的な手法がいくつかとられている。既にいくつかの論文で取り上げられているがその特長を簡単に列記すると

〈CPD（Concurrent Product Definition）〉

　全部門の同時並行作業。設計・生産に入る前に関係全部門の同時並行作業によって最適の製品形態を作っておく。

〈DBT（Design Built Team）〉

　全部門からの専門家チームの組織。この Working Together を実際進めるために 1990 年に設計組み立てチームという会議が作られた。各チームは，エンジニアリング，製造，調達，顧客支援などの航空機体開発の各分野の専門家によって構成された。設計活動のピークにはサプライヤーや顧客エアラインから派遣された 240 もの DBT がつくられた。

〈DPD（100% Digital Product Definition）〉

　設計データの完全コンピューター化。全部門の並行活動を効率化するため，

全てのデータを大型コンピューターで一元化する，いわゆるペーパーレス生産手法を採用した。

〈DPA（Digital Pre-Assembly）〉

　3次元データを元にした仮想組み立て。③ を利用してコンピューター内で3次元コンピュータ・モックアップを行い，現物を製作する前に成立性を確認しておく。B777 では，三菱重工業の「CATIA」［ソフトはフランス製の3次元CAD ソフト］）を利用し，コンピューター画面上のシミュレーションによって通常の方法である実物航空機のモックアップを不要とし，大幅な開発期間の短縮によって開発コストの削減に成功している。なお，1990 年から DBT が 240 チームも作られ，日本側から三菱重工業など日本の機体メーカー5 社や JADC から総計1万1,000 人の技術者が参加し実質的に共同開発に名に値するものであった。

2.3　ボーイング B777 共同開発・共同生産の意義

　筆者は B777 プロジェクトでのボーイングの本当の成果は B767 で実績のあった日本のパートナーにこれら分担範囲はまかせ，ボーイングは2エンジン（Twin）機初の両大洋無着陸飛行の技術的実現とそれに関わるマーケティング，そのためのエンジンメーカーとの共同開発に傾注できたことと考える。米・プラッツ＆ホイットニー（Pratts ＆ Whitney, P&W），米・ゼネラル・エレクトリック（GE），英・ロールスロイス（R&R）が次々専用の超大型高推力エンジンの開発に成功したため B777 プロジェクトは技術的には成功した。これを成功させたのはボーイングでなく，エンジンメーカー（P&W・GE・R&R）の技術力であった。ただ，その技術的背景をもとに，ツイン（2基）・エンジンで両大洋を無着陸で飛行可能というお墨付きを取得し，マーケティング面でも成功させたのはボーイングという世界トップメーカーの信頼性ではなかったかと考える。また3社の大手エンジンメーカーを競って開発費の掛かる大推力エンジンの開発に邁進させたのもボーイングへの多大なる信頼性であろう。

2.4　B767 と B777 の共同生産の比較

　ここで同じボーイング社の中型民間後期開発生産プロジェクトではあるが B767 プロジェクトと B777 両プロジェクトを比較検討してみる。ボーイングも B767 国際共同開発・共同生産を検討始めた当初にはいくらか戸惑いがあったものと思われる。その表れが一つに日本側への調整費（のれん代）の負担提案であり，50％の分担提案等を提示する日本側への対応であった。まだこのプロジェクト開始当時には日本・イタリアのパートナーは実質「下請」程度と考えられていたものと思われる。日本メーカーも 50％の開発・生産分担や一部日本での最終組立を要求はしたが，実際には不可能であることは認識していたはずである。最終的には 14.2％という低い分担率にはなったがそれでもこのプロジェクトに参加したことの意義は大きかったと思われる。

　B777 プロジェクトでは B767 で培った技術力・実績を背景にボーイング社の絶対的信頼を得て真の意味での「リスク・シェアリング・パートナー」として欠かせない存在となっていった。ボーイング社はここからこれら日本のパートナーを始め，エンジンメーカー等にもさらにアウトソーシングしていく傾向が見られる。エアバスが国際共同開発としながら実質重要部分は EU 域内からは外注しない生産体制をとるのに比べ，ボーイングは広く外注先に任せていく傾向が見られる。これは次の B777 プロジェクトではさらに顕著となる。

2.5　両機プロジェクトへの参画で日本の航空機産業に残されたもの

　一般にも航空機産業が他の産業に比較して技術波及効果の大きい産業であることは知られている。社）日本航空宇宙工業会の報告によると自動車産業は表 5 に掲げる通り 1970 年以降 30 年間で 906 兆円の生産額を誘発してきたがその 96％が産業波及効果によるもので技術波及効果は 4％にすぎない。これに対し航空機産業の波及効果は 115 兆円だが，その 90％の 103 兆円が技術波及効果によるものとされている。この要因を同報告は以下の様に分析している。

(ア)　技術体系が大規模で，関連する技術の裾野が極めて広い。技術要素の目数が自動車の 3.67 倍である。高付加価値の極めて先進的な技術が最初に投入

される。

(イ)　効率と安全を追求するため，システム・インテグレーション（システム統合）が高度。

(ウ)　技術の統合と統合化技術が鍵を握る産業である。

　また，このような技術波及効果は単なるライセンス生産よりも共同開発事業の方が顕著である。これは設計段階でのノウ・ホワイを体験できる共同開発に比べ，単なるライセンス生産では生産過程でのノウ・ハウしか得られないとされている。このノウ・ホワイを体験できたからこそ他産業への技術波及が可能ではなかったかと筆者は考える。すなわち，航空機産業の高い要求しようを克服したからこそ，その培った技術を他産業に応用できたと考えるのである。

　ボーイング社の最近2機種の共同開発事例を日本企業の参加の立場から分析してきた。B767 とそれから約 10 年を経た B777 とでは参加各社の修練度・実績に明らかな差異がみられる。エアバス社が EU 内の参加企業の共同開発・生産のエアバス社への帰順を昇華させているのに比べ，ボーイング社は大きくアウトソーシングし，できるだけ参加企業の自主開発・自主改善に任せている傾向がある[7]。ボーイング社 B767 ではコックピット・主翼設計をはじめとする基幹部分の設計・生産を社内開発・社内生産で実施していたが，B777 では「コア競争力は主翼設計とシステムの統合及びデジタルデザイン定義（Boeing Annual Report 1988）」に絞り，最新型の B7E7（後の B787）ではついに主翼設計を三菱重工業に明け渡している。もはやボーイングで生産するといこだわりもなくなっているかのようだ。今後ボーイングの進路を新型機 B787 の共同開発・共同生産の過程を追いながら最先端技術を抱える産業の一翼を担う米企業の競争戦略を分析していきたい。また一方でボーイング社の牙城であった長大型機 B747 に敢然と挑むエアバス社の新型機 A380 の開発・販売戦略も同じ航空機産業の他の一翼を担う EU 企業の競争戦略として見逃すことはできない。これら新型機種の両巨大企業の戦略を分析することを次節で探る。

7　B777 では B767 に比べ 3 次元 CAD の採用とそれを十分に利活用できた国際通信システムの普及が取りあげられている。

3.　ボーイング B787 の開発

　ボーイングは 2007 年 7 月 8 日新大型旅客機 B787Dreamliner をロールアウト[8] した。これは B767 の後継機となるが，いくつかの革新的な技術を取り入れた新しいコンセプトの機体である。ただしこのロールアウトにこぎつけるまではさまざまな紆余曲折があった。そして今回の新設計には多くのアメリカ合衆国内外からの共同生産の成果があったことを前面に打ち出している。最早このクラスの大型旅客機の生産には戦略的提携に基づく共同設計は必要不可欠となっている。

3.1　B787 の共同設計と共同生産への導入

　B787 プロジェクトでは後で述べるようにパートナー各社から得られた価値創造を今度はボーイングも享受しているのである。すなわち，新プロジェクトの立ち上げ当時「中型機 B767 の後継機」という位置付けしかなかった B787 新型機を，①PAN 系炭素繊維等新素材を多用し機体重量を軽減，②エンジンを新開発して騒音を極力減らした，③さらにこれらにより燃費を下げたことにより「環境を考慮した新世代航空機」という新しい価値を創出できたのである。当初の B787 新設計に見られるように開発費負担付きの共同生産だけではなく，参加企業の技術力を踏まえた経営資源の有効活用を目指した共同生産への働きかけが成功している。すなわちこの戦略的アライアンスではボーイングもパートナー会社からの新しい価値を得ているのである。これは B787 のマーケティング戦略にも叙述に現れている。

　ボーイングは B787 を生産決定するまでにいくつかのプログラムを立ち上げては挫折している。エアバスが巨人機 A380 の計画を発表した前後に超 B747 の発展型の計画を発表している。

　次に「ソニック・クルーザー」といわれる亜音速機計画を発表する。ただし

8　航空機が完成し，最終組み立て施設から初めて屋外へ引き出されること。

これら超大型機・高速機は主に環境への配慮・省エネの観点からユーザーの支持を得られず頓挫している。

　2度の計画変更を経てボーイングが選んだのは中型旅客機の開発であった。しかしながら当初はそのコンセプトがはっきりしなかった。エアバスが B747 以上の巨人機の開発を決めたのでこれまで競合相手がいなかった超大型機の分野に踏み込まれたという動揺がみられた。しかしながら亜音速機ソニック・クルーザーは「燃費・騒音の環境への懸念」で断念された。そこで，開発から 30 年近く経過していた B767 の後継機を Point-to-Point 運航が今後主体になると考え，競合機より燃費を 20％向上して需要を獲得する狙いで生産を発表する。

　このころから一方で環境に対処するためにボーイングはパートナーに提案を求めていく。そして燃費を下げるために重量を軽減することを大きな目標とする。そのために機体にそれまでの金属に代わって炭素繊維を多用することにする。特にこれまでは金属製であった主翼に炭素繊維を使った燃料タンクを提案した三菱重工業の提案を入れて三菱重工業に主翼の設計を任せることになった。主翼はコックピットと並ぶ重要部位で最後までボーイングが独自設計を手放さないであろうと思われていた。ボーイングは戦略的提携でパートナーの技術力を重要な経営資源と認めて利用する方針を取ったのである。

　また，エンジンメーカーには特に燃費のよい新型エンジンの設計を求めた。これに答えて GE・R&R・P&W の 3 社はボーイングの基準を満たした新型エンジンを開発した。これもパートナーの技術開発力という経営資源を有効に活用した戦略的提携である。この燃費のよい新型エンジンの開発は石油価格の高騰という追い風を受けて B787 の爆発的な発注増につながっていく。

　B787 は 2003 年 12 月にエアライン各社への正式提案がなされ，2004 年の全日空による 50 機の発注を受けて本格開発を始動した。これに続きこの標準型 787-8 に加え，短距離型の 787-3，ストレッチ型 787-9 を相次いで発表し，2005 年末現在で 787-8　332 機，787-3　43 機，787-9　73 機　合計 448 機の受注機数を達成しその後も受注を伸ばしている。既に 8,000 億円と言われる開発費用を踏まえたペイラインを超えた受注を果たし，今後 2008 年から 2021 年までの 14 年間で約 800 機〜1,600 機の販売が期待されている。

　このB787の売れ行きの好調を受けて，ライバル機A300は受注を大幅に落とした。エアバスはマーケティングの主力を目標販売・製造機数を大幅に下回っているA380からA300の後継，新開発のA350に軸足を移さざるを得なくなった。A380は受注期の納期遅延を起こし，それに伴う販売機数の伸び悩みに苦しんでいた。エアバスの親会社であるEADS社の赤字転落を受けて販売戦略の転換を図らざるを得なくなった。エアバスは急遽B787に対抗するA300の後継機であるA350の開発を発表し，受注を目指していく。しかしながらB787への出遅れは顕著である。今後販売機数を伸ばすには価格戦略もしくは新しいコンセプトが必要となっている。ただしここではボーイングと戦略的提携を行っている日本の主要機体メーカーの協力を得ることは難しく，素材メーカーは共有できてもその素材を使って設計する部品メーカーがボトルネックとなりうる。

3.2　B787生産に携わった日本の航空機産業

　日本メーカーは計画の当初からB787プログラムに関わっていた。分担比率はB767の14％，B777の21％から35％にまで増やしていく。また三菱重工業の主翼担当を含め重要な部位を担当していくようになる。表1を参照願いたい。B767の共同開発プロジェクトからB777を経てB787にいたるまで日本メーカーは徐々にボーイングにとって重要なパートナーとなっていく。B767のプログラム・パートナー5社（機体5社）はいわばYS11プロジェクトが途絶えたときに日本連合として米ボーイングの傘下にはいった下請けメーカーであった。ボーイングは開発費の負担先・有力な売り込み先（日本）の下請けメーカーという位置づけであったと思われる。それがB777での実績を通じてB787ではボーイング自身が「誰がB787を作ったか」というマーケティングキャンペーンを行い，月一度は有力紙に「日本の皆さんのおかげです」と掲載させている。B767のころには考えられなかったことである。単に分担比率が14％から35％にまで上昇しただけではない。エアバスとの大きな比較優位を導いているのである。これはエアバスがA380の重量オーバーで生産計画が大幅に遅れていることからもあきらかである。すなわちエアバスには，エアバス

のパートナー企業にはボーイングのパートナーのような価値創造を行い，優位に導く企業が無かったと思われる。具体的には素材メーカーは共通でもその素材を使って設計する部品メーカーの差が出てきたと思われる。

　B787 には金属に代わって炭素繊維を多用することになる。これは重量を軽減しながら強度を落とさなくてもすむというメリットがあった。東レをはじめとする日本メーカーは積極的にこのプログラムに参加，専用工場等設備を拡充していった。今ではこの航空機用 PAN 系炭素繊維は日本メーカーが圧倒的なシェアを誇り，これからの航空機製造に無くてはならなくなっている。さらにこれら素材メーカーは B787 の新プロジェクトには三菱重工業・川崎重工業・富士重工業のプログアム・パートナー経由の受注のみでなくエアバスの新プロジェクト B380 巨人機においてもサブコントラクターとして参加している。こちらも同じくエアバスの機体パートナー経由となるが，実質的には素材メーカーとして参加できることには変わりは無い。炭素繊維ではエアバス A380 向けには参加素材メーカーも増えており，炭素繊維製造の化学産業にとっては大きな納入先となっている。エアバス・プロジェクトへの参画企業は A330/340 より A380 では圧倒的に増え，さらに素材メーカーが増えている。素材メーカーにはボーイングもエアバスもさして関係は無い。逆に有力素材メーカーが協力してくれることが新型機の生命線となっている。素材メーカー側にとっては上記機体メーカー（プログラム・パートナー）よりも新規参入の障壁は低いと考えられる。各部位に素材メーカーの材料を採用してもらえればよいのである。素材の決定は最終的に主管会社が行い，プログラム・パートナーである機体メーカーはそれに従うのみである。

　この様に B787 の開発に大きな影響力を与えてきた日本メーカーだが，この開発で培われた技術力・開発能力を広く他機種・他産業への応用を図れるかが次の目標となる。世界第四位の航空機メーカーエンブラエルは積極的に日本のメーカーとの戦略的提携を目指している。川崎重工業はエンブラエルの地元ブラジルに炭素繊維を使った機体製造工場を設立して積極的に協力している。東レはエアバスから需要に答えるため炭素繊維の製造工場をフランスに設立その製造能力も向上させている。また航空機産業以外にもこの培われた技術力を応用しようとしている。特に積極的なのは自動車産業で炭素繊維は広く乗用車に

も使用されるようになってきた。

　また大きいのはマーケティング的側面である。航空機メーカーに採用されることでマーケティングの新規開発が進み，さらにその需要に答えるうちに設備投資は進み，生産能力は拡大する。新素材なので競合は少なく，購入先の航空機メーカーも限られているので利潤の予想が容易である。B787のパートナー企業から採用されたことでもう一方のエアバスも採用をせざるを得なくなってきている。しかもほとんどが日本メーカーである。

　B787開発では重要な部位を任されるようになった日本の航空機産業だがこれからの課題は独自の新型機開発である。重要な部位を任されるようになったとはいえ機体全体を設計することによる全機インテグレーションの能力はまだ十分蓄積されていない。独自開発を進めているいくつかのプロジェクトが進行している。その1つがCX-PXといわれる航空自衛隊向け輸送機・哨戒機のプログラムである。これは川崎重工業が主契約者（主管会社）となって勧めている。川崎重工業はこの開発計画を民間輸送機市場への転換を図っている。三菱重工業は70〜90席クラスの中型旅客機の独自開発を進めている。正式開発着手決定は2008年，初飛行は2012年の予定だがこちらはボンバルディア・エンブラエルの先行メーカー，また中国・ロシアのメーカーも開発を発表しておりこれらとの競合が問題になりそうである。その他ホンダも小型ビジネス・ジェット機の開発を進めておりこちらは実際に受注を進めている。これらプロジェクトも開発各社の独自設計で進めるのか，戦略的提携を模索するのか，また戦略的提携を取り入れるにしてもどのような形で行うのか，また国際的な戦略的提携に発展できるのかが課題である。

3.3　B787のあらたな開発体制

　航空機産業の共同生産プロジェクトはB787において高度化され，本来の意味での戦略的提携と言えるようになってきた。これはパートナー各社の技術力を含めた経営資源を主管会社が利用するだけではなくて，有力なパートナーを取り込むことにより競合会社との差別化を図れるようになってきた。これまでエアバスはパートナー各社に参加国唯一の有力航空機メーカーを内含すること

によりボーイングに対抗してきた。これが内部企業だけの経営資源だけでは
ボーイング B787 のような戦略的提携に成功したプロジェクトに立ち遅れるよ
うになってきた。エアバスがさらに現在の戦略的提携を如何に昇華させていく
が注目される。

　一方で B777 の設計には完全な主導権をとっていたボーイングが B787 では
リーダーシップを放棄しつつある傾向が読み取れる。これが伝えられる特に主
翼等の強度計算不全，下請工場の納期管理不全やボーイング社自社工場のスト
ライキ等に現れている。これらはエアバスでも起こった問題ではあるが共同生
産以前のボーイング社や A300 を生産始めた当時のエアバス社には露見しな
かった問題点である。

小括

　ボーイング社は B767 から B777 を経て B787 へその戦略的提携を生かした
分担生産を続けてきた。これは世界最大の航空機生産企業であるというマーケ
ティングでの求心力はもちろんだが，最先端の航空機生産に現場に携われると
いう日本・イタリアの航空機産業を引き付けてきた魅力は大きい。ところが最
新の B787 では再三の納期遅延を引き起こしている。新素材の導入による強度
計算のミス，ロシア等の新しい提携先企業への管理不安，そしておひざ元アメ
リカの工場労働者のストライキとその指導力を問われる事態が発生している。
現在，150 席以上の大型旅客機市場には A380 の納期遅延で苦しむエアバスの
他にプレーヤーがいないこともあって大事に至っていないが，放置すると競争
力とともにその求心力も失いかねない。B787 では囲い込んだはずの三菱重工
業などの有力パートナーからの離反が起こりかねない。主幹会社はそのシステ
ム・インテグレーションがコアである。このままではエアバスが A380 超大型
機の開発を開始したころの迷走状態に戻りかねない。

　一方，ボーイング社と蜜月関係にある日本の Tier-1 パートナー企業だが問
題がないことはない。まず，この様なボーイング社との度重なる納期遅延・大
量生産延期も現在までのところ全くいいなりとなっている。これら Tier-1 企

業は日本でも大手メーカーであるので事業部間のやりくりで凌げるかもしれない。しかし今後国際機開発やすそ野を広げるために Tier-2 や Tier-3 企業に参画する中小メーカーは度重なる受け入れ延期に耐えられるであろうか。Tier-1 企業でも B787 の増産を見込んで工場施設を増強しており，このラインが使われずに待機しているとされている。

　またもう一つの功罪が日本側の一括窓口としての日本航空宇宙航業会である。ボーイングとの個別交渉では太刀打ちできないということで政府経産省の指導で一括交渉を続けているが，今後の時代に果たして機能するかどうか疑問である。また，Tier-2・Tier-3 企業の受注の窓口としては果たして機能しているのであろうか。契約交渉に助言を与えるのは必要かもしれないが，契約自体は個々の企業で行っていく必要がある。そして今回の B787 の遅延のような問題が発生した時に貿易保険等で補てんしていくのが本来の姿ではないであろうか。電子機器や自動車産業では当然ながらその様な体制になっているはずである。

第6章

エアバス社の競争戦略

　エアバスは1994年に125機，総額94億ドルを受注し，ボーイングを抜いて初めて年間受注機数でトップに立った。以来ボーイングとは激しい競争を繰り広げてきた。1990年代後半は民間航空機部門ではむしろ優位に立っていた。ボーイング社が業績不振となった当時の世界第3位の民間航空機メーカーであったマクダネル・ダグラス社を統合したとき，エアバスの本拠であるEUからは猛烈な反対があり，事実上このまま世界の民間航空機市場は超巨人ボーイングの独壇場となると思われた。これをどのようにしてエアバスはその差を埋めていったのか，まず第1節でA300からはじまりA330/A340シリーズにいたる新商品開発を中心にその競争戦略を，共同生産体制を踏まえて分析する。次に第2節で就航を始めたばかりの超大型新型機A380の開発戦略を分析する。第3節で開発段階のA350について触れる。最後にまとめでエアバスのEU域外での提携戦略を取り上げる。エアバス社の全旅客機生産と販売実績を図6-1に示す。

　エアバスの特徴は，現在までに開発した機種のうちまだ製造中止のものがない点である。これはボーイングに比べて参入が新しいこともあるが，効率的に開発を行ってきた点は異論のないところである。しかし今後A300はA350の開発決定により生産が停止されることが決まっている。また販売が伸び悩んでいる超大型機種A380をどのように開発を進めるかが今後の課題である。これらの機種と生産工場のリストラクチャリングが今後の経営戦略の基軸となろう。

表 6-1　エアバス開発機種明細

機種	開発機種と販売状況						
	2 クラス	3 クラス	ローンチ	型式証明	受注機数	納入機数	就航機数
A300	251	231	1965 年 5 月	1974 年 3 月	561	555	416
A310	218	187	1978 年 7 月	1989 年 3 月	260	255	224
A318	107		1999 年 4 月	2003 年 6 月	90	36	36
A319	124		1993 年 6 月	1996 年 4 月	1,497	930	929
A320	150		1984 年 3 月	1988 年 2 月	2,700	1,633	1,612
A321	186		1989 年 11 月	1993 年 12 月	649	371	370
A330	335	295	1987 年 6 月	1993 年 10 月	674	447	444
A340	335	295	1987 年 6 月	1992 年 12 月	398	337	334
A350		285	2004 年 12 月	(2012 年 ?)	102	0	0
A380		555	2000 年 12 月	2006 年 12 月	166	0	0
				合計：	7,097	4,564	4,365

注：ローンチとは航空機産業では詳細設計開始のことをいう。詳細設計開始に至った最初の発
注確定顧客をローンチ・カスタマーという。
　　エアバスは域内運行を基本とした A300 型生産から開始された。その後 1 クラス小さい
A320 シリーズ（A318/A319/A320/A321）でボーイングを抜いて世界一となった。
　　長距離飛行用 A330/A340 の対抗馬ボーイング B777 の好調によりボーイングに奪われた
首位の座をかけたのが巨人機 A380 の開発だった。この不調を受け，さらに B787 の売れ行
き好調を挽回しようとしているのが A350 である。
出所：日本航空宇宙工業会『平成 22 年度版世界の航空工業』より筆者が作成。

1. エアバスの共同生産体制（A300 〜 A340）：体制確立まで

　エアバス A300 型機は 1960 年前半の英・仏・独 3 国のエアバスコンソーシ
アムの創設，ヨーロッパ主要都市間を結ぶ経済的な大型短距離旅客機の製造構
想から 10 年余りを要し，1972 年に初飛行，1974 年にエールフランス向けに初
就航された 350 席クラスの大型旅客機である。

1.1　A300 の共同開発体制

　エアバス A300 は当初イギリスがヨーロッパ独自の大型機の開発を提唱し，
フランス・ドイツとともに協同設計に入った。その後イギリスは政府の財政難

からエアバス社の設立には参加せず，フランス・ドイツで開発を進め，後にスペイン・カサ（CASA）社が，さらにオランダ・フォッカー社も A300 プログラムに参加した。エンジンは自主開発せず，まず米 GE 社の CF6 シリーズ，のちに米 P&W 社の JT9D シリーズを採用することで開発コストを抑えている。

　一般に国際協同開発の利点は

(1)　技術，経験の習得

(2)　開発リスクの分散・共有

(3)　マーケットの拡大と安定化

(4)　産業界仕事量の安定と，技術開発力の培養

といわれているが，エアバス A300 の場合は特に(2)・(3)が重要であった。当時米国ではボーイング社，マクダネル・ダグラス社に加えてロッキード社も L1011 を導入して長胴型長距離旅客機は米国メーカーから欧州市場を守ることが重要であった。そのためにも各国政府からの補助金も見込んでの国際共同開発であったが皮肉にもそれが英国の財政難を理由にしたエアバス社からの撤退を招くことになる。これには英国側の事情もあるが米国すなわちボーイング側からの英国への働きかけがあったことは容易に想像できる。

1.2　A310 の開発

　A300 の就航後 1984 年には A300 の短胴型である A310 を就航させた。A310 は A300 の当初の量産型である A300B2 及びその改良型 A300-600 の機体を短縮して 280 席クラスと小型化したのみではなく主翼も設計変更して航続距離を伸ばしている。しかし A300 との一番大きな特徴は「ツー（2）マン・コックピット（2 人乗務）」の採用である。エアバス社は A300 の就航後遅れて就航した B767 に市場で大きな後れを取った。通常，先に投入された新製品にあとからの競合品が逆転するのは容易ではないがこれを可能にしたのは B767 の「ツーマン・コックピット」である。この「ツーマン・コックピット」を実現させたのは，ボーイング社の強大なる政治力によるものと思われるが，これについてはすでに第 5 章で述べたのでここではこれ以上の詳述は避ける。

この当時の世界的な政治力・市場支配力はボーイング社が圧倒的であった。

1.3　A320 シリーズの開発

　エアバス社は A300 ファミリー（A300/A310）を充実させた後，単通路のナローボディ機 A320 を発表する。A320 はこのクラス（150 席）でもっとも太い胴体を持つ機体となったが，この A320 ファミリーをもっとも大きな成功に導いたのは飛行操縦装置の「フライ・バイ・ワイヤー・システム」であると考えられる。

1.4　エアバス A320 のフライ・バイ・ワイヤ・システム

　A320 シリーズの飛行操縦装置はコンピューター制御による"フライ・バイ・ワイヤ・システムが使用されている。これには 5 台のコンピューターが使用され，操縦も従来の操縦輪ではなく，サイド・スティック（横配置操縦桿）が採用されている。エアバスはこのシステムの採用に先駆け，延べ 136 時間の飛行試験を実施して社外のパイロットのアンケート調査を行っている。こうしてエアバスはボーイングにないシステムを採用することによってボーイング社機との差別化に乗り出したのである。これに象徴されるようにエアバス機はボーイングに比べコンピューター化が進められている。エアバスは「コンピューター中心である」といわれるゆえんである。しかしこれは「時代の趨勢」でもある。ボーイング機が人間中心の設計といわれるのに対し，エアバスは機械（コンピューター）中心といわれる所以である。これはボーイングという巨人を追い上げ追い抜くためにとった差別化戦略であった。

1.5　A330/A340 の同時開発

　エアバスは次に双発機 A330 と 4 発機 A340 と並行して開発した。A340 は長距離線用に対し，A330 はエアバス製機の中で最も収容能力の大きい双発機となった。A330 と A340 の胴体は共通しており，その他の共通点は，下記の

部位である。

　　㈠　コックピット

　　㈡　主翼（エンジン装着を除く）

　　㈢　システム（エンジン関連を除く）

　　㈣　降着装置

　　㈤　尾部

　この共通部位設計で，開発費・製作費用の削減，運用コストの削減を図っている。

　すなわち，乱暴に言えば，エンジン以外は共通，ということになる。この共通部位同時設計は当時として画期的なプロセス・イノベーションで開発費を削減することができた。ところが，いずれも長距離用旅客機でエンジン 2 基の A330 は長距離大型機，エンジン 4 基の A340 は超長距離大型機という特徴をもった。これは太平洋・大西洋・インド洋という 3 大大洋を無着陸で飛行するには最低エンジンが 3 基必要という慣習があり，またエンジン 3 基はマクダネル・ダグラス DC10，後継の MD11，ロッキードトライスター等やや評判の悪い機種の例を避けたためで，A340 は超長距離用 4 基で，A330 は大型機で大洋を超えない距離という製品であった。ところがこののちにボーイングが B777 で 2 基ながら大洋も飛行可能な超推力エンジンをメーカーと開発し，この特徴を形骸化させた。これはボーイング社の航空業界特にエンジンメーカーへの影響力を披歴したものであった。

　エアバスは A300 を開発したころは EU 中心の市場をめざす企業だったが，A330/A340 を開発したころから販売を拡大し，1994 年にはボーイングを抜いて世界第 1 位となった。その頃からボーイングとの価格競争は激しさを増し，収益力は落ちた。一方でフランス・ドイツ・スペイン等参加国政府からの補助金が国際的な問題になり，各国政府でも収支の明朗化，民営化への道を図ることになる。すなわち，値下げによる収益悪化を補助金で不当に賄ってきたというアメリカ側からの指摘をかわさなければならなくなったのである。一方でボーイングとの違いで残された巨人機への参入で品揃えを整える戦略をとっていくことになる。この 2 つの戦略はエアバスを混迷へ導くことになる。さらにほぼ固定されたパートナー企業からなる企業集合体というエアバスの体制自体

表 6-2　エアバス・機種別の累計実績

機種	受注機数		納入機数		就航機数	
	2001 年末	2002 年末	2001 年末	2002 年末	2001 年末	2002 年末
A300	583	583	508	517	424	424
A310	260	260	255	255	246	246
A318	114	84				
A319	694	856	407	492	407	492
A320	1,545	1,597	1,012	1,128	1,002	1,118
A321	415	421	221	256	211	256
A330	407	419	209	251	206	248
A340	296	317	212	228	210	226
A380	85	95				

出所：社団法人日本航空宇宙工業会『平成 15 年度版　世界の宇宙工業』，2003 年 3 月，pp.256。

にもほころびが出てきたのではないかと思われる。表 6-2 に示す様に EU 中心の生産体制で拡大してきた時代には順調にボーイングとの違いを鮮明にすることで着実に売り上げを伸ばしてきた。ところがボーイングを超えたところでボーイングが政治力や業界での影響力で凌いできたさらに大きな問題に今度はエアバスが直面せざるを得なくなる。これが次節で取り上げる A380 の開発途上で表面化するのである。

2.　A380 の開発と生産：新期分野への挑戦

　エアバス A380 は標準仕様の A380-800 の 3 クラス標準座席数で 550 席，総2 階建ての超大型旅客機である。1999 年 12 月 8 日の取締役会「ゴー・アヘッド（開発着手指示）」，2000 年 6 月 23 日のコマーシャル・ローンチ（商業開発），2000 年 12 月 19 日にインダストリアル・ローンチ（企業内開発着手）を経て，2005 年 1 月 18 日の公開，2005 年 4 月 27 日初飛行に至っている。その後は 2005 年中のテストフライトを経て，2006 年初めに型式証明を取得，2006年 3 月の商業運行を目指していたが，テストフライトは 2006 年 11 月に遅れた。このテストフライトの結果を踏まえて 2006 年 12 月に型式証明を取得し

た。引き渡しはそのまま遅れ，2007 年 12 月にシンガポール航空が商業飛行開
始した。

2.1　新しい市場

　エアバスが A380 開発を発表するまでは 500 席以上の超大型機はボーイング
B747 の独壇場であった。エアバスがこの B747 を超える超大型機の開発を公
表した時，ボーイングも現在の B747 の最新鋭型の発表を行ない，対抗を表明
した。ところが，これは後に多大なる開発費の負担と新開発の超大型機への正
面からの対抗への難しさから断念する。改めて発表したのは超大型機ではな
く，エアバスの前身エアロスペシャル社・英国 BAe 連合の「コンコルド」後
継機に近い亜音速機の開発であった。そして，これもマーケットの支持を得ら
れずに早期に断念し，三度目に発表したのは双発の省エネ型中型機 B7E7（現
在の B787）開発計画であった。これには全日空始め多くの支持が寄せられた。
こうしてボーイングはエアバスの新機種 A380 との正面からの対抗を回避し
た。最終的にボーイングは B747 の新型機 747-800 を開発決定し，2011 年中の
引き渡しをめどに試験飛行を開始している。この間の停滞はいかにボーイング
といえども超大型機の市場規模が簡単には読めなかったということである。ま
たこの新型 B747-800 は旅客輸送よりも貨物輸送をより大きく視野に入れてい
る。
　エアバスは A380 の登場で約 100 席の A318 から 700 席程度までの A380 で
大型商業航空機全ての品揃えを完成させた。これまでに引渡し機数でも既に
ボーイングを抜いているので，名実とも完全に世界二大航空機メーカーとなっ
た。A380 超大型機は当時主流であったハブ・アンド・スポーク航空路線のハ
ブ空港間を結ぶ大量・長距離輸送機の需要拡大を見込んで開発着手された。こ
れは地域の中心となるハブ空港へ長大型機で大量輸送し，ここから自転車のス
ポークのように中・小型で地方空港へと輸送するシステムである。当初のよう
に EU 域内での大量輸送であれば，A300 クラスの双発で十分カバーできた
が，北米や人口の集中したアジア地区間での大量輸送には A300 や A330/340
の大きさでは B747 に対抗できなかった。そこで世界市場でのボーイングとの

対抗上超大型機開発を進めてきたのである。

2.2　迫られた新たな販売コンセプト

　9.11世界同時多発テロ以降航空機需要の落ち込む一方でハブ・アンド・スポークのハブとなる大空港での乗り換えの煩雑さと中国・米国等の地方空港の充実から目的地への直行便が増える事になる。日本でも伊丹空港への三発以上機の乗り入れ制限に伴う四発超大型機B747SRによる羽田・伊丹ピストン輸送の将来的廃止等大型機購入・保有に対する疑問が起こった。ボーイングによると，今後A380・B747級の超大型機の需要はほとんど無くなるという。超大型機による大量輸送が衰退しつつあるなかでエアバスA380もシンガポール・マレーシア等当初アジアでの受注には相次いで成功したが，その後アメリカでは大手航空会社からの受注に成功せず，日本でも受注できず苦戦が続いている。日本では日本航空がB747の世界最大顧客であるが，東京（羽田）－大阪（伊丹）間の発着枠制限に伴う超大型機を使った大量輸送を見直さざるを得なくなり，また，輸送旅客数の多い双発機B777の登場で4発の超大型機に固執する必要がなくなった。全日空は早々とB767の後継機としてB787をローンチ・カスタマーとして正式発注，B777の共同開発参加以来のボーイング寄りを強めている。

　ハブ・アンド・スポーク・ネットワークが日欧米を初めとする多くの主要航空会社で採用されていたときからも，いわゆる低価格路線をとる航空会社，例えば米サウスウェット航空などでは稼働率の向上などからハブ化を取らない航空会社も散見した。これらの航空会社の優位性は9.11テロ以降さらに顕著となり，路線が限られる超大型機の運行に疑問を呈する会社も多くなった。

　上記ハブ・アンド・スポーク路線の見直しに伴う大量輸送時代の終焉で大型機保有の是非が問われるようになってきた。そこでエアバスはA380機マーケッティングの新しいキーワードとして「快適な居住空間の提供」を取り上げるようになった。一方でボーイング最新鋭双発機B777の長距型機開発により，同じ四発機であるB747対ではなく対B777との競争を強いられる事になってきた。長胴型があるとはいえ1階建てのB777に比べて，オール2階建

ての A380 のメリットを出すのは広い居住空間であった。バーカウンターやカジノ，半個室等を検討，長い飛行時間をすごす広い居住空間の提供を売り文句にした。エアバスは A380 を国際共同生産するに当たり，まずフランスのツゥールーズに大規模な最終組立工場を建設した。そして機体の生産工場をドイツ・ハンブルグ，主翼をイギリス・フロートン等に置き，半完成品の機体をドイツ・イギリスからはフランスのツールーズまで空輸している。このための A300 改造型超大型貨物機 A300-600ST という専用機までも開発する周到さである。ここまで国際共同生産にこだわっているのは 3−2 で解説した国際共同開発の利点を最大限利用するためである。またそうでなければ 1 兆 2,200 億円という膨大な開発費を賄えない。すなわちイギリスを含む EU 各国からの補助金を元にこの超大型機は成り立っているのは事実である。

2.3　生産戦略の転換

A380 の開発・生産開始の時期にライバルのボーイング社は新機種開発で，

(ア)　A380 対抗が目的の B747 後継超大型機，

(イ)　ソニック・クルーザーと呼ばれた亜音速機，

(ウ)　当初設計コンセプトの良く伝わらなかった，のちに B787 と迷走した。

この間に素材の東レを初めとする日本の有力航空機産業をこれまでのボーイング一辺倒からエアバス・ボーイング両立へと転身させることに成功した。すなわち，A380 という開発コンセプトのはっきりしたプロジェクトを掲げることで世界的に有力であった日本の航空機メーカーをボーイング一辺倒から引き離すことに成功した。

日本の航空機メーカーは A380 にボーイングの B767・B777 両プロジェクトのように積極的な機体分担生産パートナーとしては参加していない。Tier-1 クラスの部品メーカーとして下請けに参加している程度である。ただし，素材メーカー・部品メーカーとしては表 ⚫ の通り参加している。中でも炭素繊維供給で参加している東レのようにフランスに工場を建設して参加する積極的な企業もある。その他三菱重工業・富士重工業の機体メーカー の参加はボーイング新型機開発迷走時代にボーイング（米）一辺倒からのリスク・ヘッジに他な

表 6-3　A380 の機体の日本企業の主な担当部位

三菱重工業	貨物ドア
富士重工業*	垂直尾翼の一部
日本飛行機*	水平尾翼
新明和工業*	翼胴の一部
東レ	炭素繊維供給
東邦テナックス	炭素繊維供給
ジャムコ	炭素繊維複合材の構造部位
住友金属工業	純チタンシート
横浜ゴム*	貯水タンク，浄化槽タンク
口機装	エンジンケースの一部
横河電機	操縦室の液晶表示装置
カシオ計算機	操縦室向け薄膜トランジスター液晶パネル
牧野フライス製作所*	マシニングセンター

注：*はエアバスに初参加の企業。
　　参画形態はいずれもサブコンタラクターまたはサプライヤー，カシオ
　　計算機及び牧野フライス製作所はタレス・アビオニクスの下請生産。
出所：日本経済新聞 2003 年 3 月 12 日。

らないと考える。エアバスはまだエアバス内で生産している体制を脱していないといえる。

　ロシアはソ連時代米と並ぶ航空機製造国でツポレフ・イリューシン・アントノフ等の航空機製造会社を抱えていた。これらはソ連崩壊後民営化，外国企業との合弁等で業界の再編を進めている。これらの企業にはソ連時代の航空大国を支えてきた多くのエンジニアが存在した。また，旧ソ連機がソ連崩壊後民間機としてまったく売れなくなったのは，ソ連時代から言われていた「ソ連製エンジンへの信頼性の欠如」であった。欧米では GE・P&W・R&R を初めとする航空機エンジンメーカーとして特化した会社が存在したのに対しソ連機はエンジンを自社で生産していて，これらの信頼性がマーケティング上ネックとなっていた。エンジン生産でも米・欧・日が共同開発した P&W・GE・R&R など西側メーカーとの競争に敗れたのである。ソ連崩壊後これらロシアの航空機メーカーは欧米製エンジンに切り替えを図って販売を増やそうとしたが，成果は出ていない。エアバスはこれに着目し，2001 年 7 月に EADS と民間航空，軍用輸送機，ヘリコプター，戦闘機，宇宙技術について包括契約し，合弁会社

を設立する協定を結んでいる。A380 共同生産にはリスク・シェアリング・パートナーとしては参加していない。

　エアバスは，日本の航空産業がボーイングとリスク・シェアリング・パートナーとして深く関与しているのに対抗して中国の現地生産を含めたライセンス生産を計画したが，いまだに現実化はしていない。B767・B777 と大きな国際共同開発に参加した日本企業との技術格差は小さくない。

　また韓国では 1999 年 10 月に大宇重工業・三星航空・現代宇宙航空が共同出資し韓国航空宇宙産業株式会社（KAI）を設立，自国の空軍向け練習機等を生産していたが，エアバスとは A320 の胴体フレーム，ボーイングとは B747 のウィングリブ，B757/B767 のノーズ・コーンなどを下請け生産している。そして 2002 年に A380 のリスク・シェアリング・パートナーとして 1.5％参画し外翼部下面パネルを生産している。

　エアバスは A320 でフライ・バイ・ワイヤーの航行システムで操縦のコンピューター化を進めたが，A380 でも新技術が積極的に採用されている。その一つが新素材としての炭素繊維等合成樹脂の採用による積極的な機体の軽量化である。航空機用用途の PAN 系炭素繊維を EU での製造販売をすべく現地生産・販売会社を 1984 年フランスに設立し，現状年間 800t 生産しているが 2004 年 8 月から EU での A380 の本格生産等を見越してこれを 2,600t 体制に拡充した。炭素繊維は日本他でも生産し計年間 9,100t を生産している。炭素繊維は同社の「戦略的拡大事業」の一つに位置づけられている。この炭素繊維は航空機産業だけでなく，風力発電や自動車産業への応用も進められている。この他，宇部興産も炭素系新素材の取り組みを発表した。航空機の素材は今や表 1 の通り全体の 50％を超え，特にエアバスではこの傾向が顕著である。

　これまでみてきたように乗客の大量輸送を担うという超大型機の役割はハブ・アンド・スポークネットワークの衰退から陰りが見えてきている。しかし，その一方で航空貨物輸送の需要は増え続けている。自動車産業を例に取れば，完成車の輸出入から現地生産への推移とともに航空機で運べる小型部品またジャストインタイムの普及で必要なときに必要なだけの部品を取り寄せるための緊急部品という需要から航空貨物の輸送は増えて続けている。そこでこれまでの旅客便に貨物を同梱するより貨物専用機（Freighter）を持つ航空会社

が増加している。貨物専用機もB767クラスから徐々に大型化し，いまでは最大のB747を貨物専用機として使う航空会社も増えている。そこでA380も今から貨物専用機を開発すべきである。貨物専用機ならライバル機とも貨物量の大小で競争でき，B747との競合でも明らかに大きいA380が優位である。これはより大量に詰めるだけでなく，より大きな貨物も積み込めるという点でも優位である。

2.4　新たな課題：環境対策

　航空機も環境対策を考慮しなければならなくなった。航空機の環境対策は主に，① 騒音対策，② 省エネルギー対策の2点が中心である。さらに，この2点はエンジンの環境対策にほぼ集約される。つまり，低音型エンジン，省エネ型エンジンの開発そのものが航空機の環境対策にほとんど集約される。ちなみにかつて名機と呼ばれて全世界で2,000機以上も飛行してきたB727が今先進国ではその活躍の場を失いつつあるのはそのエンジンがレベル2と呼ばれる旧世代の高騒音エンジンのためである。そこで世界最大の旅客機A380もこの① 低騒音型エンジン，② 省エネ型エンジンを開発させ，少しでもその寿命を延ばして開発費を取り戻す延命を図る必要がある。特に現在の競合機B777は双発機でA380は4発機なので課題は深刻である。

　また昨今原油価格の高騰が世界の航空会社の経営を圧迫している。そこで航空会社も省エネルギー型のエンジンを搭載した航空機を採用する傾向にある。全日空がA380・B747の超大型機の購入を見送り，省エネルギー型エンジンを搭載するB787の購入にいち早く踏み切ったこともこれを象徴している。すなわち単なる環境対策だけではなく，省エネルギー型エンジンという技術革新はユーザーである航空会社の経営環境の改善という大きな副産物を残すことになるのである。

3. A350 の開発：新たなる復活

　エアバスは中型広胴機 A300 の後継機として A350 の開発を発表した。ボーイング B787 の受注好調で A300 が全く売れなくなったために急遽開発を開始したものであった。UAE Emirates 航空などの発注で 2006 年 12 月ローンチを開始した。2013 年から納入を開始する。53％以上を新素材炭素繊維強化プラスティック（CFRP）を始めとする複合材を採用するとしている。すでにエンジンは英ロールスロイス社から供給されることは決定している。また炭素繊維等の素材メーカーも日本の東レを始め，新工場を建設することを発表しており準備は進んでいる様ではある。ただし，A380 や B787 の例でも問題はこれからである。A380 の様に当初の受注が伸びなければそれはそれで問題である。もはや EU 諸国の補助金に頼ることはできない体制になった以上，自ら解決していくしかない。もし仮に B787 の様に爆発的に受注が伸びても今度は新たな問題が予想される。つまりエアバスの分担生産先のフランス・ドイツ・スペイン等パートナー企業の生産能力，すなわち製品への技術的信用性および生産量確保が新たに問題となって浮上するのである。これはボーイングが B787 の急激な受注増で国内工場，日本のパートナー以外にも提携先を増やさなければならなくなったためにロシアの協力企業の能力で苦慮したことで明らかである。ボーイングはすでに提携を続けてきた信頼できる日本・イタリアのパートナー及び自社工場の能力以上に受注してしまったものと推察する。その他の下請け工場に任せた部品の納期遅延が発生している。

3.1　エアバス A350 の生産体制

　エアバスは今後エアバス・グループ自らの生産能力をいかに高めることができるのか。このことのヒントが下請産業をいかに育てるかにかかるのではないだろうか。そして有力な下請け産業を育む大きな要素が技術波及効果で引き付けることではないだろうか。B787 では三菱重工業が新素材を使った主翼の開発で B787 の開発進展に大いに寄与した。ところが，三菱重工業はその生産能

力を一気に拡大させるには至らなかった。これは有力な下請産業を急速には育てられなかったのが主因である。生産増加を多くの場合自社で賄わねばならなかったのである。技術波及効果の大きさが魅力となって航空機産業への新規参入は続いている。日機装，ジャムコ，住友精密が好例である。三菱重工業は現在 MRJ の成否に社運を賭けている。早々と住友精密，ジャムコをそのパートナーとして指名したのはその表れである。エアバスがこの様な下請産業をうまく育てられるかが A350 の成否を握っているのだと思う。エアバスは A350 でエアバスの EU 域外での生産を 50％以上に引きあげることを宣言している。EU 域外のパートナー候補には具体的には韓国・中国・ロシアを検討している。A380 の開発時のような設計強度計算の間違いなど今は許されないし，B787 の開発時のような新規加入パートナーの能力不足も許されない状況である。現在までのところ気になるのは新しい技術開発の採用発表が少ないことである。エアバスはこれまでいつもその採用した技術開発をキーワードにしてきた。A320 の時は「フライ・バイ・ワイヤー」，A330・A340 の時は「2 機種同時設計」，A380 の時は「世界最大の旅客機」，「炭素繊維素材の採用」または「快適な移動空間」等である。あえて発表しているのは「環境にやさしいジェット機」程度である。すでに大量受注を果たしているライバル機の B787 の競合機である。これまでの B737 に対する A320，B747 に対する A380，MD11（3 基エンジン）・B747 に対する A330・A340 のような切り札技術革新は必要である。

3.2　エアバスの環境対策

　エアバス A350 の環境対策に触れたところで，国際航空産業の環境対策，中でも排出量取引との関わり，特に動きが積極的な EU での活動と特にそれに対応したエアバスの動きについて概説したい。今後，エアバスのボーイングとの競争戦略の中心になる可能性がある。

　現在の京都議定書では国内航空は枠内だが，国際航空・国際海運から排出される温室効果ガス（GHG）は対象外である。これは GHG の排出源である航空機や船舶が京都議定書に定める国内排出ガスの削減に合致しないため，その解

決は航空なら国際民間航空機関（ICAO）海運なら国際海事機関に委ねられている。ICAO は主要三大テーマのうち，環境問題は航空環境保全委員会（CAEP）で議論された上で三年毎に開かれる ICAO 総会で決定される。ICAO 総会では 1998 年以降，NO_x 基準の決定，新たな航空機製造上の騒音基準（Chapter-4），航空機排ガスの議論等を行ってきた（西村 2007）。

　CAEP は ICAO の動きの中で ① 排出量取引，② 課金（税または料金），③ ボランタリーな抑制活動を進めてきた。この中で ② は世界標準の課金（CO_2 チャージ）は法的にも国際的に航空機の法的地位を定め，民間航空を能率かつ秩序あるものにするシカゴ条約との兼ね合いでも現実的ではなかった。① と ③ はそれぞれ CAEP での素案とりまとめのため専門部会として「排出費課金タスクフォース（ECTF）」と「排出取引タスクフォース（ETTF）を設立し議論に入った。ECTF は前述のシカゴ条約との兼ね合いから生産的な議論は進まなかったが，ETTF に関しては 2004 年から 3 年にわたる活動の結果 "Integrated Emission Guidance（IET ガイダンス）" および "Voluntary Emission Trading Report（VET レポート）" を作成して 2007 年 CAEP に提出した。

　CAEP は IET ガイダンスと VET レポートを採択し，IET は ICAO と政府が制度設計し，VET は航空会社が決定することになった。VET に基づき英国では世界最初の排出量取引として UK VET が設立されこれに英国航空（BA）も参加した。BA は英国政府と Climate Change Agreement（気候変動条約）を結び目標を達成すれば Climate Change Levy（事業使用エネルギーへの課税）の 80％ディスカウントを受けることになり，会社の戦略として先行投資しながらも先行者利得を信じて排出権取引に対応している。この目標は最新技術の積極的採用が盛りこまれており，それらに対する先行投資をしても上記ディスカウントだけではない企業イメージの上昇などを含めた長期メリットを信じたものと思われる。

　この様に EU では燃費効率のよい航空機の導入など積極的な環境政策が政府をあげて進められようとしており，航空機産業にとっても環境配慮の技術革新は競争戦略の大きな中心命題となってきた。

4.　EADS の課題

　エアバス社は 2000 年 7 月に G.I.E.[1] のグループパートナー企業であったエア
ロスペシアル・マトラ（フランス），DASA（ドイツ）並びに CASA（スペイ
ン）が合併し EADS（European Aeronautic Defense and Space Company
N.V.）を設立した後，2001 年に，エアバスは企業連合から統合企業へ組織の
変更を行った[2]。EADS と英国 BAe システムズが 80％と 20％でエアバスの株
を保有したが 2006 年に BAe の持ち分を EADS が買い取りエアバスは EADS
の 100％子会社となった。EADS は独ダイムラー・クライスラー（当時），フ
ランス政府系の SOGEADE，スペイン政府系の SEPI が大株主だが機関投資
家，従業員持株会，金庫株も株式を保有し，Annual Report も公表している。
そして EADS の売り上げの 2/3 を占めている。

　一方，EADS は軍用輸送機，軍用および民間ヘリコプター（ユーロコプター
社）と宇宙部門，防衛部門の開発・生産・補修を併せ持つ巨大統合企業となっ
た。この結果米国にもない航空・宇宙・防衛複合産業統合企業となってしまっ
た。マクダネル・ダグラス社の商業航空部門を統合したボーイングに抗議した
EU 委員会（参照：第 3 章）が三産業を統合する巨大企業の出現を許している
ことになる。この結果スウェーデン SAAB，オランダ Fokker をはじめとして
独自の航空機生産は撤退を余儀なくされている。CASA 社も EADS の一員と
して存続はしているがフランス・ドイツによる主導権をにぎられ，独自の開発
は減少している。英国も BAe は米国・EU の間隙を縫って存続しているが
EADS の傘下となったあとボーイングによる買収の動きも経験している。こ
のような寡占状態の進展は EU の航空・宇宙・防衛産業進展の妨げとなってい
る。

1　エアバス・インダストリーはフランス商法に定められた G.I.E（Groupement D' interet
　Economique, 相互経済利益団体）という形態の組織であっていわば企業連合であった（松田健
　2008）。
2　前掲（松田健 2008）。

小括

　エアバスはこれまで米ボーイングの対抗機種にない新規技術を積極的に採用してそれを売り文句にして競合機種の市場を奪ってきた。その裏には参加政府の補助金が大きく関わってきたことは事実だが，その政府補助金を当てにできなくなったとたんに新規技術も中断している感がある。エアバスはこれまでEU域内での生産を基本にしてきた。米ボーイングまたはマクダネル・ダグラスが米国内での設計・生産を基本にしていた間は，仏・独・英に西・蘭を加えて，経営資源一国だけではない技術革新能力を内含していたのではないかと思われる。ところがボーイングがマクダネル・ダグラス（民間機部門）を統合し，日本・イタリアとの共同設計・共同生産を発展させるに至り，徐々に技術革新能力のお株を奪われた感がある。またA380の開発・完成の途中にハブ・アンド・スポークの航空輸送の主流方式が陳腐化してしまったことも痛手であった。環境の先進発信地域であるEUなのに米ボーイングB787に「環境にやさしい旅客機」のキーワードを先に使われたのも痛手である。ただ，2011年の初納入までB787は大幅納期遅延問題を3度も起こしている。生産能力以上に受注してしまったのが主因だが，エアバスはA380のごたごたでA350開発発表という対応が遅れ，敵失に乗ぜなかったのも事実である。B787の対抗機種を新規発表せずに古いA300の改良で済まそうとしてきた感がある。あわてて新機種A350を発表はしたがB787の二番煎じの感はぬぐえなかった。2006年になって，「EUの参加工場以外での生産を50％以上にする」というB787の「日本ポーション46％」に対抗する施策を発表した。ところが，対抗するB787の「新規パートナー工場での生産不具合」を主因とする納期遅延が発表されてしまった。ここでエアバスも同じ「新規パートナーの生産不具合」で納期遅延など出せない。しかもA350を本当にEU域外で50％以上生産を行うとなると韓国・中国・ロシア等の今まで重要な部位生産に携わってこなかった新規パートナーにさらに重要な参加をさせねばならない。本当にこれらロシア・中国・韓国の新規パートナーがボーイングのイタリア・日本のパートナー並みにまたは彼ら以上に重要なパートナーとなりえたら，コスト競争力も

相当力づくとみられ，エアバスは再びボーイングを抜いて世界第一位の航空機製造会社となることも現実的である。A350の共同設計・共同生産は大きな転換点となる様相を帯びてきた。この時点でむしろキーポイントとなるのはロシアメーカーの取り込み，すなわち提携戦略になってきた。

　ロシア・スホーイは米ボーイングと共同設計等の提携を通じて生産にかかってきたSSJ（スホーイ・スパージェット）をRRJ（ロシアン・レジョナル・ジェット）と名付けて生産にかかっている。これに対するスホーイの米ボーイングに対する依存が大きくなるとスホーイとエアバスとの提携が難しくなる。ロシアでエース級のスホーイを米ボーイング側に取られてしまうと他社では難しいのではないだろうか。（ロシアの航空機メーカーについては第7章でも論ずる）ボーイングはその点を見越してスホーイとの提携を戦略的に行っている節がある。エアバスのグループ外での戦略的な提携がいよいよ重要になってきている。

　A350はすでにEUを中心に100機以上の受注を得ている。これはB787の大幅遅延という敵失によるものが大きいが，それ以上に本当の環境対策を考えたエアバスへの期待と航空機需要そのものの自然拡大という追い風は否めない。まだ，詳細なコンセプトも発表していないA350だが今後の大きな焦点はこれまでのEU域内からの拡大という提携戦略にあると考える。

第 7 章

エンブラエル社の競争戦略

　エンブラエルは経営不振に陥っていたブラジルの国営企業が民営化され，独自で中型ジェット旅客機を開発して発展した。その後の発展は独自の経営戦略を掲げそれを実行したので研究に値するものである。またこれを導いた CEO Paulo Cesar de Sauza e Cilva はハーバード・ビジネス・レビューでもその年の世界トップ CEO のベスト 10 に選ばれている。エンブラエル社の躍進はその民営化と国際的な提携への経営戦略の成功が分岐点となっている。エンブラエルは，当初国営で欧米航空機のライセンス生産のほか，主に農業用に使われた小型多目的機EMB202イパネマ，軍用に開発された練習機 EMB302 ツカノ及びその後継機 EMB304 スーパーツカノなど，独自設計・生産し長期にわたり販売が継続されている機種も持つ。ただ，なんといっても世界的に成功したとされる双発プロペラ旅客機 EMB110 Bandeirante と EMB120 Brasilia から始まり中型ジェット旅客機への参入から ERJ145 及び ERJ170 シリーズの成功までは「ブラジルの奇跡」とまで賞される。これには国営企業の民営化の成功例や上記 Paul Cesar de Sauza e Cilva を中心としたファンド・マネージャーたちの手腕が評価され，それがたまたま南米のブラジルで起こり，突然降ってわいたような技術革新の様にとらえる向きもあるが元々同社は 50 年以上前からの続く技術レベルやエンブラエル社の長年にわたり引き継がれてきた飛行機屋としての DNA を持っており，それは否定できない。

1. 国営企業時代のエンブラエル：技術的基盤

　1968 年に国営航空機製造会社としてブラジル・サンジョセ・ドス・カンポ

スに設立された。イタリア・マッキ社との契約によるシャバンテ（Xavante）さらにアメリカ・パイパー社とのウルブマ（Urpema）のライセンス生産から始まり，ブラジル空軍向けの練習機ツカノ（Tucano）などを手がけ，1968年には初めての民間輸送機 EMB110 バンディランテを開発，生産を開始した。その後，さらに大型の EMB120 ブラジリアの生産を続けた後 1990 年から経営不振に陥りブラジル政府の民営化政策の一環として 1994 年に民営化が決定した。ただしこの国営企業時代でも技術力はすでに世界の競合企業に比べて引けを取らずバンディランテは 469 機，ブラジリアは 352 機を生産し，日本航空機製造 YS11 の 182 機をはるかに凌駕し，現在も世界の空を飛んでいる。

　ブラジルでは戦前から航空機産業の基盤があった。ブラジルは第 2 次世界大戦以前の 1910 年から航空機工業の計画は試行され，1968 年に国営企業として設立され，直後からターボ・プロップ練習機ツカノ，農業機イパネマ等の独自開発の実績があった。また広大な国土のためジェネラルアヴィエーション機の輸入が活発で，小型機の需要があった。地理的に近いアメリカの下請的生産能力の蓄積があった。EMB110 バンディランテ，EMB120 ブラジリアの開発・生産と並行して，米ヘリコプターシコルスキー社の開発計画への参加，マクダネル・ダグラス社 MD11 の部品生産も手がけていた。これら大手航空機産業の下請けを続けるうちに技術力は向上，一方で独自生産の必要性も認識していったものと思われる。竹之内（2004）ではメタ・ナショナル・アプローチからの観点からエンブラエルを捉え，ブラジルの企業でも本国ブラジルを超脱してグローバルに競争優位を確保できたので本来本国ブラジルの優位性がなくても発展したと説明しようとしている。ところが同論文でも論じられているが，航空機産業は各国でも国家安全保障の観点から戦略的産業と捉えられており，技術基盤のないところへは提携による移転は非常に困難である。やはり本来国営企業時代からブラジルは航空機産業国としての技術基盤が備わっていたとみなすのが自然である。

2. 民営化への道筋：戦略的提携

　バンディランテを成功させたエンブラエルは 30 席級 EMB120 ブラジリアを
開発し北・南米を中心に全世界に 300 機以上を販売し，引き続く成功を収め
た。さらにこのブラジリアの胴体を使ったジェット・コミューター機 EMB
145/135 を計画した。ところがこのころから経営不振とブラジルの金融危機が
重なり，同社はほぼ破たん状態となった。ここでブラジル政府は民営化を決意
し，出資者を求めた。結果，ブラジルの金融コングロマリッド「ボサノ・シモ
ンセン」，米社会福祉年金運用会社「プレビ」・「システル」のコンソーシアム
が名乗りを上げ，リストラクチュアリングと経営革新を進めた。コンソーシア
ムは新経営陣を指名し，ボサノ・シモンセン出身のマウリシス・マリオ・ボ
テーロが社長に就任する。この時彼らのとった戦略の中心が提携であった。エ
ンブラエルは危機からの打開策として同社の運命を新型ジェット機 EMB145
の開発に託した。新経営陣の経営戦略の中心は戦略的提携であった。新型航空
機を独自で開発するのではなく，広く世界に共同設計・共同生産のプログラ
ム・パートナーを募り，参加を求めた。新型小型ジェット旅客機には下記のよ
うなパートナーが参加した。

> ➤ Hannifin《米》
> ➤ GAMESA《西》

　この 2 社はプログラム・パートナーとして 48 席の新型ジェット旅客機
EMB145（現 ERJ145）の開発に参加した。

　さらに

> ➤ ATR　《伊》
> ➤ Dassault，Aerospatial，Thomson CSF，Snecma《仏》

これらのパートナーにはそれぞれ設計の開発費を負担させ，独自の設計提案
を積極的に受け入れていった。そして EMB145 は開発に成功，当時このクラ
スのジェット機がボンバルディア CRJ170 程度しかなかったこともあり，高価
な同機種に対し主にその価格差で受注を獲得していった。この時点での価格競
争には政府支援と安価な労働力が大きなポイントであったことは否めない

(Goldstein 2002)。

3.　ブラジルの奇跡：継続した新機種開発

　新型機EBR145（当初はEMB145と呼ばれた）は1995年8月18日に初飛行を成功し，1996年から引渡し・就航が始まり2006年現在全世界で679機が就航し，さらに80機の受注残を抱えている。EMB145（ERJ145）の成功後，さらにその胴体短縮型37席のERJ135を1998年に初飛行，1999年に型式証明取得，同年に納入した。このERJ135は2006年現在108機を納入している。さらにその後70席のEmbrer170を製作発表，2002年2月に初飛行2004年初頭に型式証明取得，納入を開始した。このEmbrer170は78席のEmbraer175，Embraer175，98席のEmbraer190，108席のEmbraer195とシリーズ化させた。これらは170と175，190と195で胴体を共通化し170は157機受注，2006年時既に128機を納入，190は何と317機を受注，既に53機を納入している。この躍進によりエンブラエル社は世界第4位，さらに最近では第3位の航空機製造企業の地位を確実にした。（表7-1及び7-2を参照）エンブラエルの躍進は当初のEMB145の成功に安住せず，さらに上位機種のEMB170，Embraer190へ開発を進めていったことにあると考える。新しいプロジェクトを次々に生み出して実行していくことにより世界中から人材・知識・技術を引き寄せられたのではないかと考える。YS11の後，新しい機種を開発できずに後ろ向きの赤字責任だけを負わされるようになった日本航空機製造の失敗とは大きな隔たりをみる。

　日本国内においても日本航空グループがERJ170，10機の導入を決定，オプション5機も発注している。この現JACは2008年から2機で運行を開始した。たった2機で運航を開始することは路線の設営からも困難を伴うが，これを可能にさせた価格があったと思われる。さらに静岡空港を拠点としてリージョナル航空事業に参入するフジドリームエアラインズもERJ170を2機発注している。以下にエンブラエルの生産機数と世界第3位のボンバルディアの生産機数を掲げる。リージョナル・ジェット機だけを比較するとすでにエンブラ

表7-1　エンブラエル生産機数累計

機種	座席数	開発経過			2006年末現在	
	1-クラス	初飛行	型式証明	初納入	受注機数	納入機数
EMB110	18	1968年	1981年		469	469
EMB120	30	1983年	1985年	1985年	352	352
ERJ135	37	1998年	1999年	1999年	108	108
ERJLegacy	19	2001年	2001年	2001年	82	80
ERJ140	44	2000年	2001年	2001年	74	74
ERJ145	50	1995年	1996年	1996年	732	679
Embraer170	70	2002年	2004年	2004年	157	128
Embraer175	78	2004年	2004年	2005年	99	25
Embraer190	98	2004年	2005年	2005年	317	53
Embraer195	108	2004年	2005年	2006年	46	3
				合計	2,436	1,971

出所：日本航空宇宙工業会『平成19年度版世界の航空宇宙工業』社）日本航空宇宙工業会。

表7-2　参考：ボンバルディア出荷機数（リージョナル・ジェット機のみ）

機種	座席数	2001年	2002年	2003年	2004年	2005年	2006年	累計
CRJ100		103						
CRJ200/400	50	130	134	140	152	100	44	
CRJ700	70	22	46	50	50	64	50	
CRJ900	90	—	—	1	12	14	12	39

出所：日本航空宇宙工業会『平成19年度版世界の航空宇宙工業』社）日本航空宇宙工業会より抜粋して独自にて加工。

表7-3　細胴機及びリージョナル・ジェット旅客機の世界需要予想（20席〜230席）

	2017年運航機数	2037年運航機数	2017〜2037納入機数
小型（細胴）ジェット機	14,851	26,468	21,695
リージョナル・ジェット	4,252	8,989	8,928

注：リージョナル・ジェット旅客機のマーケットは2037年までにほぼ倍に増加することが予想されている。この市場に現在エンブラエルとボンバルディアの2社が存在し，三菱重工他が参入を模索している。
出所：日本航空機開発協会資料より筆者が作成。

エルはボンバルディアを凌駕している。
　成功の大きな要因に50席クラスのERJ145の成功から間髪を入れずに行わ

れた ERJ170 や ERJ シリーズへの展開は大きな経営革新であった。特に ERJ190 は 145 や 170 と違って胴体を新たに設計してエンジンの部位も胴体後方から主翼下部へ移す大幅な設計変更を短期間のうちに成就した技術陣の力量を忘れてはいけない。この時期の同社の設計陣はボーイングやエアバスの設計陣に匹敵するレベルを感じる。三菱航空機の MRJ も例に従い 50 席クラスと 70 席クラスから 90 席クラスも継続して開発を進めているがこれはエンブラエルという先人の成功を追いかけている。50 席クラスだけではやはり顧客が限定されてしまう。50 席を欲しいと考えた顧客ももう少し大型も必要もしれない。現にメキシコのアエロ・メヒコは 50 席機と 70 席機をうまく使い分けている。例えば同じメキシコシティ＝モンテレイ線でも朝夕の繁忙時間には 70 席を飛ばし，昼間の閑散時間には 50 席と使分けている。これは 50 席から 90 席まで 3 タイプ揃えたおかげである。メキシコという国はブラジルの対抗意識を持ち，これまであまりエンブラエル機は持っていなかったのだが合理的なアエロ・メヒコでは最も有効な選択をしているのである。ちなみにメキシコはブラジルの成功に対抗して NAFTA での自由貿易を利しカナダ・ボンバルディアの最新鋭工場を誘致して約 6 年になるがまだ初号機は飛んでいない。ボンバルディアの致命的な失策の可能性がある。メキシコには自動車屋の DNA はあるかもしれないが飛行機屋の DNA はなかったのかもしれない。

4.　小型ビジネス・ジェットへの参入

　エンブラエルは上記のようなリージョナル・ジェットへの参入と相次ぐ開発継続だけではなく新たな分野としてビジネス・ジェットへの参入・開発継続を進めている。ここでもレガシー 450・500/600 とフェノム 100・300 だけではなく 2009 年からは Lineage 1000 という比較的大型のビジネス・ジェットも発表，リージョナル機業界でトップだけでなくビジネス・ジェットの業界でも一大勢力を築きつつある。Lineage 1000e は 2016 年の時点ですでに 27 機を引き渡している。これは最大 19 席まで増やすことができ，少し「ビジネス・ジェット」の域も超えた双発ジェット旅客機でボンバルディアの「グローバ

図 7-1　よく似た Bombardier CR-J（グローバルエクスプレス）と Embraer ERJ

Bombardier CRJ & Embraer ERJ
Side-by-Side
AirlinerSpotter.com
Bombardier CRJ
Embraer ERJ

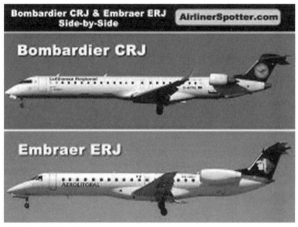

出所：AirlinerSpotter.com.

図 7-2　エンブラエルの製造機種

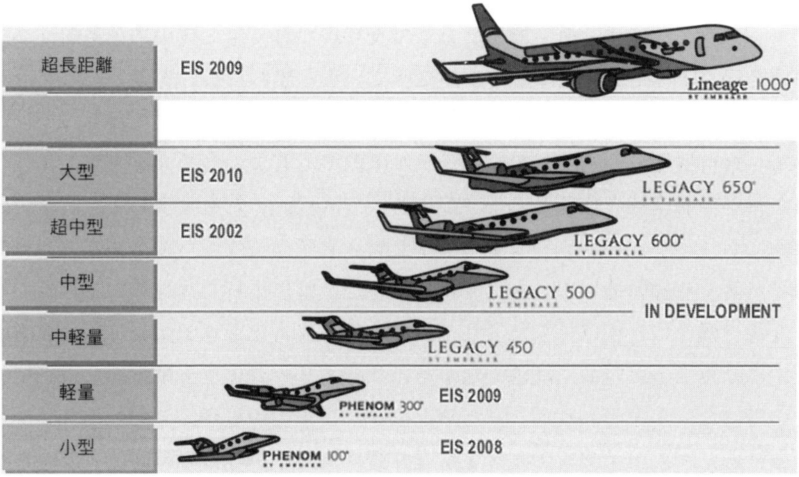

超長距離
EIS 2009
Lineage 1000
大型
EIS 2010
LEGACY 650
超中型
EIS 2002
LEGACY 600
中型
LEGACY 500
IN DEVELOPMENT
中軽量
LEGACY 450
軽量
PHENOM 300
EIS 2009
小型
PHENOM 100
EIS 2008

ル・ジェット」を意識していることは間違いない。ボンバルディアは早くから大型のビジネス・ジェットという分野に取り組んできた。ただ企業のトップだけの移動手段であったビジネス・ジェットにスタッフレベルまでの移動を企業

として行う必要性が出てきたのに目を付けたエンブラエルが即座にその分野に参入できる技術力は見事である。宣伝用ビデオでも「京都のもてなし」をうたった室内装備を紹介するなど十分世界の流れを汲んだ対応が見られ国際感覚にも優れたブラジル人気質も伺われる。

　単にビジネス・ジェットの分野でもこれだけの品ぞろいができると中小型機業界でのいわば「盟主」の様相を呈している。これは先にも述べた経営陣のマーケティング戦略策定能力の高さとともにそれを裏打ちできる技術力の確かな遂行能力がうかがわれる。とても突然ブラジルという欧米・日本などからかけ離れた「離島」のような土地に降ってわいた経済発展では説明できない。

　図7-2はエンブラエルの製造機種品ぞろえである。これだけの機種をそろえた中小型機メーカーは世界にない。

5.　航空機屋としての性格

　エンブラエルには「航空機屋」として長年培われてきた技術力・革新性への尊重というDNAが社員にもいきわたっていると思われる。その一つはブラジル国内でほとんど生産してきて後継者を育て続けてきた社の歴史がある。いわゆる「飛行機屋」気質である。ブラジル国内でも有数の理系大学を出たエリートたちが「航空機を作る」という夢を持って入社，それを実現してきた歴史は何物にも代えがたい。この歴史はライセンス生産の時代から独自開発で多目的機イパネマや練習機ツカノを作り続けてきた土壌に裏打ちされている。このような飛行機を作り続けてきた会社だからこそ，民営化され中型ジェット旅客機生産に踏み切った時も，経験のなかったビジネス・ジェット生産にも対応できたのではないかと思われる。また頑なにブラジルでの生産にこだわりブラジルの会社としてのアイデンティティを守り続けたことが今後の戦略にも反映されていくことになる。

　また一貫して航空機しか生産していない会社としてのアイデンティティも大きく作用している。民間機だけではなく軍用機，さらにライセンス生産以来ヘリコプターも含めた航空機しか生産しない企業は稀有である。生産量が大きく

図7-3　エンブラエルのイパネマ

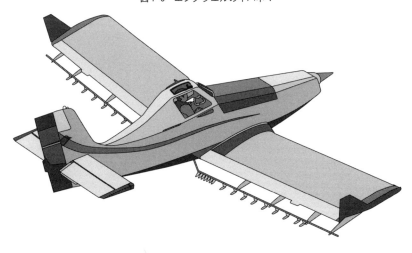

　売り上げに貢献するからとして自動車または自動車部品の生産を手掛ける企業
は多い。ただ自動車の場合は世界的な大きな競争にさらされることになるが，
一貫して航空機を継続して作り続けてきたある意味の成果と言える。イパネマ
やツカノは地味な特殊目的機だが長い製造年数を誇るだけに熱烈なファンは世
界に存在する。

6. ボーイングとの協働

　ボーイングは2018年突然エンブラエルとの提携，実質的には合併を発表し
た。これはエアバスがエンブラエルの最大のライバル，ボンバルディアとの提
携を発表したことに触発されたものである。ボンバルディアは次章でも述べる
がもともとはカナダのスノーモービルの生産から始まり，鉄道車両の生産で発
展した企業だが，飛行機メーカーをいくつも買収し，世界第3位の航空機メー
カーとなっていた。ところが，リージョナル機でエンブラエルとの競争に敗れ
1993年以来第4位に甘んじていた。さらにリージョナル機についてはMRJが
参戦することが決まり危機感を感じたボンバルディアは少し大型の中型機C

クラス（100 席越え）に注力を始めていた。このサイズは大型機メーカーであるボーイングとエアバスの最小クラスそれも機数の多さから儲け頭となっていたサイズである。そのためボンバルディアもエアバス・ボーイングとの軋轢は避けられず，ついにエアバスと提携することになった。世界第 4 位とはいえエアバスがボンバルディア（航空機グループ）を傘下に収めると今度はボーイングが一気に形成が不利になった。1990 年代に米・マクダネル・ダグラスが民間機部門で破綻しボーイングと合併した時の逆である。その時，エアバスは世界第 3 位と 1 位の合併は独占禁止法に反すると訴えた。しかしながら欧州委員会もボーイングとその後ろにいる米国政府との政治ゲームで合弁を認めざるを得なくなった。この度はエアバスの提携である。巧妙なのは以前のボーイング・マクダネル・グラス合弁とは少し趣が異なる。

① 　エアバスとボンバルディアは完全に全機種で競合するわけではない。この 2 社では 120 席程度すなわち A320 シリーズ（A318・A319）とボンバルディア CS300 が 120〜130 席クラスで重複するのみ。今後このクラスは A220 と呼ばれる。

② 　エアバスもボンバルディアも民間機部門が大多数を占めるわけではない。エアバスは民間機部門が大きいが，ボンバルディアは鉄道他部門の方が大きい。

③ 　両社は合併するわけではなくマーケット部門で提携するのみで製造部門は現状のまま。つまりプレイヤーが減るわけではない。

④ 　もともと寡占の産業なのでプレイヤーが減らなければ競争状態は変わらない。

　よって，ボーイングは特に表立っては独占禁止法違反を訴えることはしなかった。かえって急遽ブラジル・エンブラエルとの協働を宣言した。すなわち小型機・リージョナル機以上の分野でエアバス・ボンバルディア陣営対ボーイング・エンブラエル陣営が出来上がりつつある。

　当初この提携にはエンブラエルを抱えるブラジル政府が異議を申し立てた。それはブラジル政府にとって虎の子の航空機産業エンブラエルを米ボーイングに買収されるものと思われた。ところが，ボーイングの説明は「ボーイングとエンブラエルで民間機部門のセールス部門で共同会社を立ち上げその資本を

ボーイングが７割，エンブラエルが３割持ち全民間機を共同で販売するという
ものだった。これに対しブラジル政府は賛意を示しボーイング・エンブラエル
首脳間で詳細が詰められている。これが実現するとリージョナル機・小型機か
ら中型機・大型機まで２グループでほぼ独占されてしまう。競争状態として寡
占がさらに進み，競争状態は好ましくないかもしれないが，ボンバルディアと
いう重要なプレイヤーがフィールドに残ることを考えれば」やむを得ないかも
しれない。ただ，これから参入していく三菱航空機 MRJ にとっては厳しい現
実が待っているかもしれない。現状はボーイングは三菱（MRJ）との関係は
維持すると CEO が宣言している。

小括

　航空機産業の寡占状態はさらに進みつつある。今回の様に独占禁止問題が発
生する合併を避け，巧妙に提携を深める戦略に傾いている。またこの中型・小
型サイズ（リージョナル機）では MRJ の本格参入以外にはロシアのスホーイ
スパージェット SS100（途中断念？），イルクート MS21 や中国 COMAC
AR21 などの計画がある。MRJ は難航しているが十分参入を果たすと思われ
る。これに先んじてエンブラエルはリージョナル機のモデルを更新し，MRJ
の追随を許さない勢いである。ただ，ボーイングとの提携とロシア・中国機の
世界認証（FAA・EASA）の障壁の高さは今後徐々に問題となる波乱を含ん
でいる。

第 8 章

ボンバルディア社の競争戦略

　ボンバルディアは中型ジェット旅客機市場に早くから参入した企業である。その意味で 100 席以下のリージョナル・ジェット機市場というものを確立した企業と言える。ところが，後から参入したブラジル・エンブラエルと激しい競争を繰り返し，徐々に劣勢に追い込まれている。

1．ボンバルディアとは

　ボンバルディアは 1930 年代にカナダでスノーモービルを始めて生産した企業が創業とされる。その後第 2 次世界大戦後に多目的車両の生産に手を広げ 1980 年代にカナダの証券取引所に上場してからは鉄道車両の生産を拡大していった。このころモントリオールの地下鉄を手掛け現在の同社の発展の基礎となっている。その後路面電車や日本のモノレールに近いライトレールを次々に開発し，鉄道産業では世界 3 大メーカーになった。後の 2 社は独・シーメンスと仏・アルストムであった。ところが，2000 年代に入って中国の 2 大車両メーカーが統合されて中国中社（CRRC）となると一挙にマンモスの登場となり，独シーメンスと仏アムストロムが鉄道車両部門を統合し，最近ではボンバルディアもシーメンスの統合を図っている。これら旧三大メーカーは 1 社でも日本の日立製作所を含めた日本企業全体よりも大きかったがさらに大きな CRRC の登場の前には統合を図らねばならなくなっている。

2. 買収と合併の歴史

　ボンバルディアは1986年に国営企業であったカナディアを買収して航空機産業に参入した。カナディアはゼネラル・ダイナミックスと統合，コンベアに参加してVTOLなどを生産していたがボンバルディアに買収された。1989年には小型機ショート・ブラザースを統合，1990年にビジネス・ジェットのリア・ジェットを買収した。1992年にボーイングからデハビランド・カナダを譲渡され航空機部門を拡充した。それぞれの事業をそのまま継続しており，いわば企業の結合体のような組織形態をとっている。例えば，リアジェットは元々リアジェットの米ウィチタの工場で引き続き「リアジェット」ブランドでビジネス・ジェットを生産している。ショーツはターボプロップ小型機の名門メーカーでアイルランドに事業部（工場）を持ち水上飛行艇などを生産していたこともある。デハビランド・カナダは現在も主力の一つである双発プロペラ機であるDHC8-Qシリーズ（ダッシュ・エイト）を今も生産しているが源流は世界最初にジェット機を生産したコメット社にある。ボンバルディアは長くこれらの買収した企業をそのままその主力機を継続生産することで独自のいわば航空機産業メーカーの集合体のような形態をとっていた。自動車でいうとビュイック・ポンティアック・キャデラックのような事業部を持ったゼネラルモータースの様な形態であった。それぞれの企業がその分野でほぼトップ企業であったのでボーイング・エアバスといった巨大企業と競合しない限り拡大を続けていき，航空機部門は一時ボンバルディアの全体の約半分の収入を占めるに至った。

3. 中型ジェット旅客機への参入

　ボンバルディアは1991年にCRJ100リージョナル機ジョナルジェット機の生産を始める。CRJ100は50席相当の機種だがもともと上記カナディアで計画・設計されていた機体ある。それまで近距離都市間航空路は距離が短く，地

方では空港の滑走路が短いこと，また特に米国航空局が大型の機種を制限して
いたこともあって非ジェット機，すなわちプロペラ機を使用するのが常識とさ
れてきた。ところが米国で規制緩和により大型機材の使用が制限されなくな
り，また滑走路も整備され，後は機体が短滑走路で飛行できる機材が開発され
るのを待つだけだった。カナディアは Challenger 600 を改造した CRJ100 を開
発したがそのころにはボンバルディアに買収されていた。ボンバルディアは
「リージョナル機」としてこの CRJ100 を販売開始した。CRJ という名前は買
収されたカナディアの名前を残している。ボンバルディアは 1989 年から基本
設計をまとめ，1991 年初飛行，1992 年カナダ，1992 年米国・ドイツの型式証
明も取った。同年ドイツシティリンクに初号機が納入された。

4. エンブラエルとの競争

　「リージョナル・ジェット」という新しいジャンルを切り開いてルフトハン
ザの系列であるレフトハンザ・シティリンクなどに納入された CRJ100 をはじ
めとするシリーズだったが，1996 年頃からエンブラエルが民営化を成功させ
EMB145 シリーズを展開するとコスト面などで徐々に追い抜かれ始めた。
CRJ100 の改良型 CRJ200，エンブラエル同様胴体の長い CRJ700/900/1000 を
どんどん投入したがエンブラエルとの劣勢は取り戻せなかった。これはコスト
面もあるがボンバルディアの方が同サイズのターボプロップ機 DHC8 シリー
ズがいまだ日本などで根強く買われていたことも大きなテコ入れに踏み切れな
かった理由かもしれない。リージョナル・ジェットは欧米・アジアの各国主要
空港から中堅都市への乗り換え使用として発達，一大勢力を成すようになっ
た。しかしながらこの市場は急激に回復したエンブラエルに差を開かれるばか
りであった。しかしながら日本市場では三菱 MRJ の遅れもあり JAL・アイ
ベックス・エアラインなどに納入された。
　その後，CRJ200 は退役し，CRJ700/900 のみは販売を続けている。私見だ
が，今後ターボプロップ機は今後特殊用途，例えば対潜哨戒機，または哨戒機
を除いて衰退していくのではないかと思われる。これに対しボンバルディアが

この DHC8 というデハビランド・カナダからの設計機を Q シリーズと称して静粛型で売り出し延命を図っている。この効果は中進国などである程度成果は上がっているが欧米さらに日本や中国は今後プロペラ機を買わないと思う。これは騒音とスピードが決定的にジェット機に劣る。エンブラエルはターボプロップ機バンディランテなどかつてのヒット機を持っているが新たなプロモーションには積極的ではない。その分リージョナル・ジェット機と自社ブランドの構築に集中しているように思える。

5.　新たな変革

　成長するリージョナル・ジェット市場に対応する改革として思い切って全く新しい CRJ シリーズの開発に踏み切る。この CRJ700 と CRJ900 シリーズには日本からも三菱重工がパートナーとして参画し，2006 年にはこのシリーズ用としてメキシコ・ケレタロに新工場を建設したが本格稼働には至っていない（2019 年現在）。またさらに最大型の CRJ1000 も投入した。この時期になって三菱重工業は独自で開発している MRJ シリーズとの競合を避けるため CRJ パートナーから離脱した。さらにこの遅れていた MRJ が 2012 年に初飛行を成功させるとボンバルディアはさらに大型の機体を発表した。これに前後してエアバスとの連携を打ち出した。このあたりからボンバルディアの迷走が始まる。メキシコ工場も NAFTA の進展で自動車メーカーがメキシコに工場を移すのをみてこれからはブラジルの安い労働コストに対抗するにはカナダ・米国で作ってはいられないという考えがあったと思われる。トランプ政権発足に伴う NAFTA 見直しの逆風もあったが自動車産業と航空機産業の違いを露見させてしまった。ブラジルとメキシコの違いは航空機メーカーがあったかなかったである。自動車メーカーは本国と同じ機械を使って本国から技術者を大量に派遣して同じ手順で作らせれば自動化の進んだ現在の工場では本国と変わらない品質でできるようになってきた。日産のメキシコ工場が日本より生産性が高いといわれるのもそれを物語っている。ところが航空機産業はこの様な大量生産の方式をそのまま受け入れられないのも事実である。例えばホンダはホンダ

ジェットを日本ではなく米国で生産しているので成功しているがもしメキシコではどうであったろうか。現在ボンバルディアはカナダ人技術者を大量に派遣してメキシコ工場を立ち上げようとしているが5年以上たっていまだに初号機の出荷も果たしていない。航空機産業は現在までのところ航空機を作ったことのない国での生産は非常に難しいというのが現実だ。

　ボンバルディアという会社は元々鉄道部門から発展した企業で航空部門はカナダの航空機企業に資本参加したことから始まり，次々にカナダ・アメリカの企業を合併した経緯がある。よってそのカナダエア，リアジェットやデハビランド・カナダなどのブランド・工場・技術者・従業員を引き継いできた。航空機産業としての生産能力・技術の継続は行われたかもしれないが，それぞれの企業に引き継がれてきた機種当時はほとんどが一流であったために大幅に変えることはできなかった。リアジェットなどは当時からビジネスジェットとして一流であり，現在も生産している機種はまだまだ競争力がある。ホンダ・ジェットがこのクラス一番の出荷量を達成してもリアジェットにはリアジェットのユーザーがありホンダ・ジェットに乗り換えることは少ない。ただこのようなコアのユーザーが多くはなく増えていないのも事実である。日本でも自衛隊以外にフジテレビなどがリアジェットのユーザーである。ただこの数年ユーザーは増えておらず，代理店などは「ドクター・ジェット」など緊急輸送用に情宣しているがなかなか新しいユーザーの掘り起しはできていない。YS11があった時代とは違い，ホンダ・ジェットやMRJができても国産機優先で購入することはなく，リアジェットのユーザーがホンダ・ジェットに乗り換えることは少ないかもしれない。ただ，エンブラエルの様に次々に革新的な新製品を開発しなくなると会社としての方向性が読めなくなる。ボンバルディア・エアロスペースとしてボンバルディア本体とは別会社にしているが鉄道部門の巨人であるボンバルディアグループの関係会社であることに変わりはなく，革新的新製品に踏み切れなかったことは容易に想像される。このことからリージョナル・ジェットCRJシリーズという革新的な新機種を開発しながら後発のエンブラエルとの競争に優位に立てなかった。

6. エアバスとの協働

　前述の通りボンバルディアはリージョナル・ジェットの大型化を図り2008年に100席以上のCシリーズ開発を発表した。その後ローチカスタマーも決まり生産に向けて準備をしていた。このCシリーズは当初2012年に開設されたメキシコ・ケレタロ工場で量産されるとメキシコでは発表された。しかしながらその後5年以上たってもお披露目はなかった。

　2017年にボンバルディアはCシリーズの販売権をエアバスと提携を打ち出した。100席以下のリージョナル・ジェットCRJシリーズでエンブラエルに対し劣勢になった上に新たに三菱MRJ，ロシア機の参入，中国の同サイズ機開発と市場が不透明になった時点でエアバスとの提携である。これでエアバスA320シリーズと競合するCRJ1000の業績を上向けようとする考えである。ある程度そのマーケティングの主導権をエアバスに握られることを承知での提携は背水の陣を思わせる。結果的にはこのことがボーイングとエンブラエルの接近を引き起こすほどの大きな動きであった。小型機・リージョナル機も大型・中型と同様，ボーイング・エアバスの2大勢力になりつつある。

小括

　結果的にはボンバルディアのエアロスペースグループはエアバス傘下に近づきつつある。大型機のボーイング・エアバス，中型機・小型機（リージョナル・ジェット）のエンブラエル・ボンバルディアという構図がボーイング・エアバス両陣営の競争というさらに寡占が進んで状況が形成されつつある。「されつつある」というのは両社の提携が直接の資本関係をもった合併に放っておらず機種の統一（エアバスA200シリーズ）やボーイング・エンブラエルの共同販売会社の設立という形をとり，いわば戦略的提携の進化系を取っている。つまりいつでも解消できる提携関係である。解消することに対する市場の思惑や分析があるので「いつでも」というほど容易ではないが，道は残されてい

る。現に生産工場や設計部隊またそれに伴うサプライチェーンも統合されておらず別の組織体である。新たな競争状態が出来上がったという状況である。

第9章

日本の航空機産業における競争戦略

　日本は世界有数の航空機産業国である。ボーイングのB767，B777そして新型機B787においてリスク・シェアリング・パートナーとして3機体メーカー，そしてサブ・コントラクターとしても多くの会社が参加している。ところが独自の国産民間旅客機としてはYS11以降開発されていない。一方でボーイングのパートナーとして日本の航空機産業は機種が新開発されるたびにその生産分担率を上げている。また開発においても徐々にその独自提案を認められるようになっている。他方でカナダのボンバルディアやブラジルのエンブラエルのように日本の航空機産業より技術力が下位とみられる国々の航空機メーカーでもいわゆる主幹会社として成功している。日本の航空機産業は技術面でも経験上も世界有数だが，主幹会社として新型航空機を開発できてこなかったのはどこか問題があるのかを探り，これを解決するための方策を提案する。

1.　航空機産業の特性と課題

　日本の航空機産業の競争力は世界有数であろうか。確かに，航空機産業の生産高は航空機先進国の一翼を担っている。しかしながら，民間・軍用を問わず世界市場で販売をしている機種は実質皆無である。本田技研が世界市場に販売を開始している小型ジェット機は存在するがまだ実績はない。これは強大な下請け生産国であることを除実に物語っている。今後，世界市場で実際に主幹会社として航空機を生産・販売していく力はあるのであろうか。これらの問題を実証する上で日本が世界的にトップ企業として実績を上げている自動車産業・電機・電子産業と比較するのはいくつかの点で無理がある。一方，航空機産業

に非常に共通点が多いといわれる防衛産業と宇宙産業を世界的に比較してみて日本の航空機産業の実力を検討するのは今後自動車産業・電機・電子産業に次ぐ有力産業として育成していく上でも意義があるのではないかと考える。以下特に民間旅客航空機にしぼってその技術力を中心に検討する。

　日本の航空機産業では三菱重工を始めとするいわゆる日本の Tier-1 企業群「機体 5 社」は B767 の開発時点からボーイング社の重要な戦略的提携先であった。ただ B767 の開発時はボーイングとしては開発費を負担して製造に加わる下請的提携であったと言える。その後 B777 では製造分担率を増やしより重要な戦略的提携先（パートナー）となっていく。さらにボーイング社は新規開発中の B787 ではついに三菱重工業等の素材革新を含めた提案を受け入れたことでライバルであるエアバスに水をあけることに成功した。提携戦略が競争戦略の重要な戦略の一つになったといえる。

　日本が既に世界的にトップ企業として実績を上げている自動車産業・電機・電子産業と航空機産業を比較できない。一方で，航空機・防衛・宇宙の三産業に下記のような共通する主な特徴がある。

　(ア)　開発費が大きい

　(イ)　生産機数が少ないこと

　(ウ)　先端技術の結集が必要なこと

　一方で，これらの航空機産業で開発された先端技術は自動車・電機等他産業で応用されていることは既に多くで指摘されている。また日本ではこれら三産業で中核をなす大手メーカーは共通である。これは米・英・独・仏・加等の航空産業先進国でもほぼ共通である。興味深いのはブラジル・ロシア・中国の三国である。ブラジルは有数の航空機産業国である。ロシアはかつて米国と並ぶ航空機産業国であった。中国は航空機産業が鉄鋼・電機等既に先進国と十分互角に発達した産業に比べると比較的未発達と言える。

1.1　防衛産業と航空機産業の国際比較

　日本では防衛産業メーカーは多くで航空機産業のメーカーと共通する。これは防衛・航空産業の大国アメリカでも同様である。ところがアメリカでは防衛

産業にほぼ専業するメーカーが大手にもいくつか存在するが，日本の大手防衛
産業は多くは航空産業も兼ねている。これは戦後のアメリカの政策で防衛産業
及び航空産業の輸出を禁じられたことによる。すなわち，これらの産業には長
らく日本国内しか市場がなかった。日本国内で防衛・航空さらに宇宙産業まで
も手がけてきたのである。

　日本と欧米各国の大手防衛産業の生産高を比較してみる。表9-2（前掲　表
1-2と同じ）を参照願いたい。日本の航空宇宙産業の売上高は2009年145億
ドル（これは宇宙産業を含む）で米国1,888億ドルの1/10以下である。EUを
構成するフランス・ドイツはそれぞれ462億ドル，329億ドルに比べて半分以
下と低い。EU圏ではない，共同生産分担国イギリスの329億ドルと比べても
低い。一方輸出額で比べると5,806億ドルとドイツの11,262億ドルには及ばな
いが，フランスの4,828億ドル，イギリスの3,505億ドルを上回る。また製造
従業員数でも3万人とアメリカの56万5千人に及ばないのは当然としてもイ
ギリスの10万人，フランスの14万4千人，ドイツの9万4千人に及ばない。
この構図は産業としては小さいが輸出額の多い，すなわち海外向けの下請とし
て優秀な産業であることが浮かび上がってくる。筆者はこのことから産業とし
て競争力があるが主幹として生産するメーカーに欠けるこの産業の構図を想定
する。一方防衛産業で比較すると日本の国防支出は名目GDPの1%を目安と
する。アメリカは4%，イギリス2%，フランス2%，ドイツ1.5%に比べても
少ない。しかし金額でみるとドイツを越える。欧米大国でアメリカ・イギリ
ス・フランスに次ぐ第4位である。中国はほぼ日本に近いがこれは別途考慮を
要する。膨大な人件費を想定に入れなければならないと考える。またその他の
国々との比較では，カナダに着目したい。カナダはGDPでは日本の1/4，国
防支出も1/4だが航空宇宙産業の売り上げでは日本を越える。また航空機産業
従業員数でも日本の2倍である。これを筆者は主幹企業としてのボンバルディ
アの存在をあげたい。日本には存在しないボンバルディアの様な航空機産業の
主幹企業が存在することが影響していると分析する。さらにその他ではブラジ
ルが航空機産業の売上高が35億ドルと日本の1/3であることも挙げたい。名
目GDPが1/6であるのに対してである。こちらもエンブラエルという中・小
型機ながら世界4位の主幹企業が存在するのが原因と想定する。すなわち，防

表 9-1 主要航空機生産国の経済・産業状況比較（平成 21 年 /2009 年）

	単位	日本	アメリカ	イギリス	ドイツ	フランス	イタリア	スペイン	カナダ	ロシア	中国	韓国	インドネシア	ブラジル
国内総生産*1	米億ドル	50,681	142,563	21,745	33,467	26,493	21,128	15,944 (2008)	13,361	12,291	49,090	8,329	5,403	15,740
国防支出費*2	〃	510	6,610	583	456	639	358	183	192	533	1,004	241	48	361
◇航空宇宙工業生産額*3	〃	145	1,888	329	329	462	—	111	194	—	—	20	—	71
輸出額*4	〃	5,808	10,569	3,505	11,262	4,828	4,040	2,198	3,233	3,018	12,017	3,635	1,165	1,530
輸入額*4	〃	5,523	15,581	4,780	9,271	5,576	4,110	2,896	3,275	1,675	10,056	3,231	969	1,276
総就業者数*5	千人	63,650	145,326	29,475	38,734	25,913	23,405	20,258	17,126	70,965	774,800	23,577	102,553	90,786
製造業従業員数*5	〃	11,740	15,904	3,547	8,516	3,877	4,805	3,060	2,041	11,663	—	3,963	12,549	13,105
◇航空宇宙工業従業員数*5	〃	32	565	100	94	144	—	40	83	—	—	10	2	27
平均対米ドル為替レート		93.61	1.00	0.6414	0.7198	0.7198	0.7198	0.7198	1.1420	31.7772	6.8311	1,277.27	10,384.2	2.0008
		(J.¥)	(US$)	(S.£)	(E.€)	(€)	(€)	(€)	(C.$)	(Ruble)	(元)	(Won)	(Rupiah)	(Real)

注：＊1　ジェトロ海外情報ファイル。
　　＊2　SIPRI (Military Expenditure)
　　＊3　（日本）経済産業省機械統計値＆宇宙産業データブック、（各国）工業の Annual report, Facts & Figures 等、ブラジルは 2008 年。
　　＊4　ジェトロ海外情報ファイル。
　　＊5　International Labor Office (ILO) Yearly data, ブラジルは 2007 年、その他は 2008 年。
出所：日本航空宇宙工業会平成 23 年 6 月データベースより筆者が作成。

衛産業は既に世界の主要国と防衛支出額，その対 GNP 比でも肩を並べているが，航空機産業の売上高が小さい。一方輸出額は肩を並べている。これを主要産業で拡大できる方向性を探ると民間の主管企業を育てることになるのではないだろうか。

　自動車産業は既に国内の市場は飽和している。昨今自動車産業が拡大しているのは現地生産を含めた海外市場を拡大させているからである。かつての航空機産業主要輸出国であったロシア・中国の衰退は激しい。すなわち競争力が落ちているのである。航空機産業は有力な輸出産業であるといえる。ただここでこの産業内部の産業構造を精査する必要がある。すなわち大手企業の競争力成長余地は十分と考えられるが，ここで航空機産業のなかで大手企業を離れて中小部品産業を調べる必要がある。

1.2　防衛・航空機産業の中小部品産業の生産高比較と下請産業

　自動車産業・電子機器産業と同様，航空機産業でも完成品の生産を担う大手企業と半製品または部品を生産する中小部品産業との戦略的提携は非常に重要である。ただ，ここでも大手メーカーと下請産業との関係は大量生産にはならない数量であるので量産化で仕事量を確保するのは難しい。自動車産業のように年間数百万台という完成車数の部品発注にはならないので価格低減，またはその経営資源を活用した技術革新の提案を期待することは不可能である。航空機産業では数百機単位の発注では太刀打ちできないのである。このままでは大きな開発費を回収できるような仕事量を期待するのが難しい。新しい考え方が必要である。

1.3　防衛産業・航空機産業における下請産業の特徴

　実際にこれらの産業では下請産業が十分育っていない印象がある。例えば自動車産業ではデンソーを始め，世界有数の部品メーカーが育っている。これは自動車産業にとっては欠くことのできない有力な基礎要因である。また現在世界第2位の造船産業を比較する。造船では鋼材のような大物から小さな部品に

至るまで価格にある程度目を瞑れば，日本製で完成させることは不可能ではない。ところが，航空機産業では多くの部品がアメリカをはじめとする海外品に頼っている。小さな部品にいたるまで日本製では出来ないのが実情である。これは下請け部品メーカーが航空機メーカーの数少ない発注では企業を維持できず，自動車・電子機器等他産業からの受注に頼らざるを得なくなり，いつしか技術伝承も出来なくなってしまっている。この問題点を克服するには開発費の負担等の問題が検討されるべきと思われる。政府主導で宇宙・航空機産業の部品産業を育成することが必要である。

1.4　宇宙機器産業における国際比較

　次に宇宙機器産業メーカーと航空機器産業メーカーを比較すると防衛機器産業ほどには共通しない。これは宇宙産業メーカーがさらに数的に限られているからである。よって，年間発注仕事量を確保して，その技術的提案等経営資源を利用することはさらに難しくなる。また，日本の宇宙機器産業の問題点は売上高で 1998 年をピークに右肩下がりとなっていることである。そして売り上げのほとんどが官需・内需であり，他国と異なり軍需が皆無となっていることである。現在，世界の宇宙機器産業の問題点は軍需産業を抜きに考えられなくなってきていることである。現状この状態を打破するのは政府宇宙予算の増額しかない。これは民間市場が十分に育っていないからである。ただ，今後この民間市場は民間宇宙機器市場と民間宇宙サービス市場が拡大すれば莫大な拡大余地が想定されている。

　表 9-2 を参考に簡単に比較する。日本では宇宙産業への政府予算が欧州・米国に比べて金額・比率ともに少ない。米国との差は軍事予算が含まれていることが大きな要素となっている。一方で欧州とは非軍事予算でも大きく水をあけられている。表 9-2 では読み取れないが，欧州の政府宇宙予算のうち，軍事予算分は日本の予算よりずっと少ない。すなわち，欧州では政府宇宙予算はほとんどが非軍事予算である。宇宙産業が発展するのに軍需産業の需要がなければできないというのは間違いである。具体的に宇宙産業の民生活用については参考資料として日本の衛星の実績とミッションを巻末に掲げるので参考にしてい

表 9-2　日・欧・米の政府予算と宇宙産業予算

	日本	欧州	米国
政府予算（軍事予算を含む）	約 2,700 億円	約 7,000 億円	約 3 兆 8,000 億円
日本を 1 としたときの比率	1	約 3	約 15
宇宙予算の対 GNP 率	約 0.05%	約 0.6%	約 0.3%
宇宙機関予算（受託費を含む）JAXA を 1 とした比率	(JAXA) 1	(ESA) 約 1.7	(NASA) 約 8

出所：社団法人日本航空宇宙工業会『平成 22 年度版世界の航空宇宙工業』より筆者作成。

ただきたい。

1.5　宇宙機器産業における中小企業の特徴

　宇宙機器産業でも重要な部品を製作する中小部品産業及び下請産業が育っていない。これはまだ多くの大手宇宙産業機器メーカーが重要部品を米国・欧州に頼っているからである。これは宇宙機器産業の輸入額が大きいことからも実証されている。上記のように宇宙機器産業が自動車産業・携帯端末に代表される電子機器産業のように拡大を果たすには確かな下請メーカーの育成が待たれる。他方で下請け産業が育たないのは宇宙機器産業がこれまで実験的利用が多く，商業ベースに乗っていなかったことがあげられる。この点については近年宇宙産業の通信・環境・防災・空間データ活用等活用の範囲が広がりつつあり，商業ベースに乗りつつあるのが報告されている。これは政府の宇宙産業技術開発戦略[1]が唱われている点からも明らかで宇宙産業が実験・教育の域を出て商業化される日は近い。詳細は巻末の参考資料を参照いただくが，宇宙工業と呼ばれる産業の芽は培われている。この産業としての宇宙工業萌芽は端緒についたばかりである。

　航空機産業と防衛機器・宇宙機器産業とはかなり多くの共通点が見られる。日本のこれら三産業共通の問題点は主管企業の欠落と中小部品メーカーと下請け企業の欠落が上げられる。これらは生産台数の少なさと開発費の大きさによ

1　内閣府に宇宙開発戦略本部がもうけられ，小型衛星等技術開発や東南アジア等との連携，利活用促進のための税制等検討されている。

るものと思われるが，一方で自動車や電子機器のように開発費が小さい，参入
障壁の小さい産業は後発国の参入・凌駕も比較的易しい。米国・欧州が航空機
産業を成長策新産業の中心に位置付けているのはこの点を理解しているものと
思われる。幸い，日本の航空機産業大手メーカーはB787におけるボーイング
のかけがいのないパートナーと遇されている通り，技術力は申し分がない。さ
らに炭素繊維等素材産業も技術力に申し分がない。後はボーイング・エアバス
等主幹企業が育つのを待つばかりである。この主幹企業の可能性を次節の事例
研究で検証する。

2.　新型航空機の開発

　YS11の開発・生産停止以来，日本では民間旅客機の独自開発は頓挫を続け
ている。さらにYS11で国策会社として航空機の主幹会社として設立された日
本航空機製造株式会社（日航製―NAMCO）も1982年に解散し，その後は
YX計画・YXX計画の方針転換とともにボーイングとの共同開発・生産に従
事していった。

　しかしながら主幹会社としての独自開発のメリットは，とりわけ主幹会社自
身によるマーケティングでの顧客との接点があり，リスク・シェアリング・
パートナーとはいえ主幹会社でなければマーケティングに携われない。すなわ
ち顧客との直接のパイプを持たない下請企業ではその情報収集力に大きな差が
あり，提携間でも情報の非対称性が存在する。これでは販売数の増加により仕
事量を確保されても当事者間の交渉において優位性を保てない。

　エアバスのEU共同開発，ボーイングB767・B777・B787の米・日・伊共同
生産の例にもあるとおり，今や航空機は特に大型民間旅客機では1社・1国だ
けでは莫大な開発費を賄うことはできなくなっている。そこで日本で新型航空
機を開発するにあたっても国際共同開発は必要不可欠となっている。これには
単に開発費の負担の分散のみならず，マーケティングにも大きく関わることに
なる。すなわち共同生産国は共通の販売先となる可能性が極めて大きいのであ
る。以下国際共同開発のパートナーとして有力国を検討してみる[2]。

2.1　共同生産の可能性

共同生産の可能性を主要航空機産業国別に検討する。

米ボーイング社との共同生産

アメリカ・ボーイング社は B767・B777・B787 と日本の主要航空機メーカーをリスク・シェアリング・パートナーとして参加させてきた。ボーイングが新型機でも最も有力な共同開発の候補である。さらに世界トップのメーカーとしてのブランド力も万全，パートナーとして最有力であることは間違いない。これは例えば日本の全日空が 150 人乗りクラスの中型機を購入する際ボーイングの B737 の新型機を日本で生産していれば購入にほとんど障害は無い。これがもし日本が他国との共同生産機を開発してボーイングの B737 新型機と競合することになれば話は厄介である。全日空は B737 の新型機の方を選ぶかも知れない。もし，ボーイングとの共同生産が実現しても B787 の 35％の分担率の共同生産よりも一歩進んだパートナーシップが必要となるだろう。これは例えば日本を含むアジアでのマーケティングを任せられるような契約であろう。

B767・B777・B787 と国際共同設計・生産に携わってきたので B737 クラスの後継機種ならボーイングとの共同マーケティングが望ましい。これには B737，または後継機を日本で生産しアジアでのマーケティングも併せて獲得することが望ましい。これには上記の新技術の開発と後に述べるファイナンスが大きく関わってくる。

EU エアバス社との共同生産

EU ではエアバス社がパートナーーの候補となる。エアバスは日本メーカーがボーイングとリスク・シェリング・パートナーとなってからも新型巨人機 A380 のサブコントラクターとして表 7-4 の通りに担当させている。これは日本メーカーの実力を大いに認めるとともにボーイングに対しての牽制となって

2　2007 年の時点ではまだ三菱重工業は MRJ 計画を発表していなかった。このため，航空機独自生産でも海外企業との戦略的提携を前提として進めている。

いる。例えばこの中の三菱重工業と富士重工はB767・B777・B787と続く米日伊共同生産の重要なリスク・シェリング・パートナーである。これらにサブコントラクターとして担当部位を任せるということは、「もし、ボーイングと今後袂を分かてばEU側へ引き込む」という考えが見え隠れする。すなわちEUはアメリカに次ぐ共同生産候補である。また、日本はフランスとコンコルドに継ぐ超音速機の共同開発研究計画に合意している。これもEUと日本の共同開発への大きな進展となろう。

　コンコルドの後継である超音速機をフランスと共同で開発することが決定した。この共同設計が実現すれば必ずマーケティングもEUと共同で行うようにしなければならない。マーケティングを手放せばユーザーとの直接の接点を失い下請けに成り下がってしまう。

その他の国との共同生産

〈韓国との共同開発〉

　韓国は日本より欧米の大手航空機産業との共同生産参画は遅れている。しかしながら1999年10月に大宇重工業・三星航空・現代宇宙航空が共同出資し、韓国航空宇宙産業株式会社（KAI）を設立、自国の空軍向け練習機等を生産していたが、エアバスとはA320の胴体フレーム、ボーイングとはB747のウィングリブ、B757/B767のノーズ・コーンなどを下請け生産している。そして2002年にA380のリスク・シェアリング・パートナーとして1.5%参画し外翼部下面パネルを生産している。日本メーカーに比べ決して重要な部位を任されているとはいえないが、日本には無い大手企業の共同出資による生産会社を設立していることは特筆される。すなわち受け皿が統一されているのである。その意味でももっとも共同開発に進みやすいパートナー国といえる。

〈中国との共同開発〉

　エアバスは、日本の航空産業がボーイングとリスク・シェアリング・パートナーとして深く関与しているのに対抗して、中国の現地生産を含めたライセンス生産を計画しているが、現実化はしていない。中国航空機産業の、B767・B777と大きな国際共同開発に参加した日本企業との技術格差は小さくない。

しかしながら，中国をパートナーとして共同生産を始めることは既述のマーケティング面において大きな意味がある。すなわち，日本でアジア全体のマーケティングを行うにしても日本市場だけでは十分な販路開拓はできない。中国の巨大市場を取り込むことが非常に重要となってくる。ボーイング・エアバスと対等につきあっていくにも最終組立を中国で行うなどとして中国を日本側に取り組むことが必要かもしれない。

〈その他の国との共同開発〉

　その他ロシア，インド，ブラジル，インドネシア等にも有力な航空機産業存在するので，これらの国々との共同開発も重要である。いずれも実現可能性の問題があるのでこの詳細は第8章に譲る。

2.2　航空機独自開発のメリット

　航空機を莫大な開発費を投じても独自開発生産を進めた方がよいメリットを下記の通り掲げる。

〈主幹会社の利点〉

　現在日本の航空機メーカーで参加されているボーイング等との国際共同開発に比べて日本独自で主幹会社として全機インテグレーションを行うことの利点を以下に掲げる。

〈エンド・ユーザーとの接点〉

　日本メーカーはボーイングとリスク・シェアリング・パートナー契約を結び，B767，B777及び新規にB787までプロジェクト参加しているが，エンド・ユーザーである各エアライン等との接点はほとんど無い。B777でも日本からは全日空・日本航空がユーザー代表として設計から参加しているが，すべてボーイングに仕切られ，日本メーカーが直接ユーザーとの接点はない。接点が無ければ，自らの部品または部位がどのようにユーザーに受け入れられ，ユーザーがどのように改善を望んでいるのか知るフィード・バックも無い。マイナ

ス点はクレームが直接入ってこないばかりではない。補給部品もボーイングが決定する価格でボーイングに納めるだけで，他産業では顕著な消耗品での利潤がほとんどボーイングに吸い上げられてしまう。この点を是正するためにも主管会社として新型機の全機インテグレーションを実施する価値がある。

〈全機インテグレーションの技術的な利点〉

　B767 の共同開発プロジェクト時代に比べ，B777，新しい B787 では日本メーカーの分担率のみではなく，設計段階での提案も多く，また深く取り上げられるようにはなっている。それだけいかにボーイングとはいえ，日本メーカーのかけがいのなさ，重要度が増していることは間違いない。ただ，それでも下請けメーカーとしての立場には変わりは無い。B787 の主翼を三菱重工業が設計・生産しても一般の乗客はもとより，エンド・ユーザーであるエアラインの運航関係者には直接接点は無い。また，設計段階での全機インテグレーションのノウハウは得られない。部品メーカーの立場であってはいつまでたっても飛行機としての飛行試験による試行錯誤から得たノウハウは蓄積されないのである。

〈アフター・マーケット・ビジネスへの参入〉

　航空機・エンジンの開発とは別に PMA（Parts Manufacturer's Approval）部品の製造・供給事業，補修部品の供給事業，MRO（Maintenance, Repair Approval）事業等いわゆるアフター・マーケット・ビジネスへの参入も莫大な開発費を回収するためにも重要な目標となる。またこれにはいわゆる機体及び部品メーカー以外の企業体，例えば航空会社のメンテナンス部門等の参加も見込められる。エアバス・EADS のおかげで Lufthansa の関連会社である Lufthansa Teknik が MRO ビジネスで積極的に活躍しているのはその顕著な例である。また，日本に MRO または PMA の有力企業が存在することはファイナンスの面でも航空会社とリース契約などで末永く付き合っていかねばならないリース会社等金融機関に新規参入を促すことになる。事実，シンガポールなどはリース事業や MRO 事業から参入した企業が多くの部品メーカーが育っていることが報告されている。

2.3 主幹会社としての問題点と解決策

〈航空会社との接点〉

　第5章で記したようにボーイングはB777の開発プロジェクトにWorking together Team（WTT）という開発チームの中にエンド・ユーザーである航空会社を巻き込んだチームを作ったが，これには部位・部品を担当した日本のメーカーはまったく含まれていない。240というWTTを作成していながらエンド・ユーザーと部品メーカーは隔離し，直接の接点を創らないようにしていた。エンド・ユーザーの声はすべてボーイングが直接吸い取っていたのである。これでは共同開発参加のメリットが少ない。ボーイングとのコラボレーションのメリットは図れるが，エンド・ユーザーとの協働は実現しない。

〈システム・インテグレーション〉

　航空機を完成するには設計段階でも全機システム・システム・インテグレーションと部品サプライ，部位担当では大きな差がある。如何に優れた部品を製作していようが，航空機の中で如何に使われ，どのような問題があり，改善の必要があるのか実際に知ることは企業にとって大きなノウハウとなる。これを汎用の民間旅客機で体験できるのと，YS11以来製作機数の少ない軍用機しか生産していないのとでは航空機産業全体の発展に大きな影響が出る。今現在では主管会社にとって優秀なかけがいのない部品メーカーは日本に存在するが，優秀な航空機メーカー（主幹会社）は存在せず，その点ではエンブラエルを抱えるブラジルにも大きく後れを取っている。

〈航空機耐空証明〉

　航空機は新型機を開発するといちいちその開発国での耐空証明を取得しなければならない。日本であれば国土交通省航空局（JCAB）の耐空証明である[3]。そして米国市場を想定するならアメリカの連邦航空局（FAA）の耐空証明も取得せねばならない。ヨーロッパならJAAの証明が必要となる。すなわち日

3　第1章7. 参照。

本の JACB の耐空証明だけでは輸出ができないのである。

〈韓国・中国との共同開発の可能性〉

　エアバスは，日本の航空産業がボーイングとリスク・シェアリング・パートナーとして深く関与しているのに対抗して中国の現地生産を含めたライセンス生産を計画したが，いまだに実現はしていない[4]。B767・B777 と大きな国際共同開発に参加した日本企業との技術格差は小さくない。しかしながら，中国をパートナーとして共同生産を始めることは前述したマーケティングにおいて大きな意味がある。すなわち，日本でアジア全体のマーケティングを行うにしても小さな日本市場だけでは十分な販路開拓はできない。中国の巨大市場を取り込むことが非常に重要となってくる。ボーイング・エアバスと対等につきあっていくにも最終組立を中国で行うなどとして中国を日本側に取り組むことが必要かもしれない。

〈新型航空機開発への提案〉

　日本の航空機産業発展のために主管会社として新型航空機を開発・製造してゆくことを目的として下記2点を提案したい。

　　提言①　超音速機の開発
　　提言②　日本航空機製造の再結成

　超音速機は今以上の先進技術の結集が不可欠である。しかしながら，超音速機用の高推力のしかも静粛・低排気ガスのエンジンを既に IHI を中心として開発している。また三菱重工を始め，既に独自で操縦室・主翼を含め機体の開発ができるところまでの技術は蓄積されている。また超音速機は「コンコルド」というサンプルが存在する。さらにコンコルド開発当時とは比べ，炭素繊維を始めとして軽くて丈夫な新素材は続々と生み出されている。現在，フランス等と共同開発しながら新型超音速機を開発することは困難とは思えない。

4　エアバスは中国に A320 シリーズの生産工場を設立することを発表している。ただし，まだそれが稼働したという情報は入っておらず稼働しても生産に関与できるようになるまでには時間がかかる。

その実現の母体として，またさらにもっと広範囲な旅客機を開発・製造するに当たってかつての「日本航空機製造（日航製，NAMCO）を再結成すべきである。韓国などは財閥系でそれぞれ設立していた航空機製造会社を 1 社に集結，いわば韓国版「航空機製造会社」を設立している。ところが，残念ながら実態として航空機製造の実績が無い。そこでエアバス・ボーイングのパートナーに入り，分担製造・下請けの実績を積もうとしている。日本はリスク・シェアリング・パートナーとしての実績は十分である。さらに YS11 という実績もある。今度は日航製のときのよう寄り合い所帯ではなく，エアバスのような日本をまたはアジアを代表する航空機製造会社として設立することは可能ではないだろうか。さらにこの会社は中国・韓国及びアジア各国，さらにボーイング・エアバスを含めて戦略的提携を進めていくことが重要だと思う。そのための第一歩が超音速機の共同開発ではないかと考える。

2.4　事例研究　新型航空機開発

川崎重工業　哨戒機 PX・輸送機 CX

　川崎重工業は防衛省から中型輸送機 CX と固定翼哨戒機 PX を同時開発受注した。これは防衛省が川崎重工業製 C1 及び米国製のロッキード C130 の後継としての CX，ロッキード P3C に代わる固定翼哨戒機 CX の開発費を抑えるため，同時開発しようとした。これに応じた川崎重工業が三菱重工業・富士重工業を始めとする主要国内航空機メーカーの参画を得て開発を進めている。開発費を抑えるという大義名分は守られているがその実情は同時設計とは程遠い現実も散見されている。これはまずエンジンの基数が異なる。CX は 2 エンジン，PX は 4 エンジンである。そして CX は GE 製エンジン（CF6），PX は国産（IHI 製 XF7-10）とエンジン機種も異なり，さらに CX は大型貨物積載ため，高翼形式となっており，同時設計とは銘打ちながらも異なる点は多く，同形機設計とは言いがたい。さらに米国製のリバットの強度不足等をはじめとする納期遅延が重なり，主幹企業としての困難を体現している。また，この CX 機の民間機への転用が当初から検討されているが，これにも救難用・難民援助用等以外に転用策が見出せず難航している。CX/PX の開発・共同生産は主要

な国産航空機メーカーの参画を得て，戦略的提携は行われたが，海外企業の参画はなく，川崎重工業も主幹企業の実績を積んだとは言いがたい[5]。

三菱重工業　中型旅客機　MRJ

　三菱重工業は2008年3月末を目途に70〜80席/86〜96席クラスの中型ジェット旅客機（リージョナル・ジェット）の開発を進めている。三菱重工業（以下，三菱）は2002年にそれまでのYS11以来の各社横並び提携から脱却して独自で30〜50席の小型ジェット旅客機の開発を進めることを決定した。その後YS11の後継機となる上記クラスの旅客機に転向した。ただこのクラスには既に1990年代後半からカナダ・ボンバルディア社とブラジル・エンブラエル社がレジオナル・ジェット（RJ）を発表，生産，引渡しを始めており後発の不利は否めない。ただボーイングの支援を取り付け，マーケティングでも販売網の利用が可能となった。ボーイングは合併したマクダネル・ダグラス社のMD80/90シリーズ（後年B717と呼ばれる）の生産停止後，このMRJを後継とすることを表明している。三菱はB787の共同生産で培った複合材による主翼他の設計で機体重量の軽減を測っている。採算ラインは350機，本格生産開始は150機を目標としている。開発費は1,500億円といわれるため，広く商社・銀行・メーカーに出資を求めている。商社（三井物産・双日他）・航空機機体メーカー（富士重工業）・銀行に続きトヨタの出資表明は追い風である。ただし，日本航空はエンブラエル50機購入を決定したと報道され[6]国内のマーケティングだけでは不十分であることは言うまでもない。三菱のキーワードは「環境に優しい飛行機」で複合材を多用して重量を軽くし，また騒音・排ガスの少ないエンジンの採用を検討している。B787の主翼で実績のある三菱の複合材機体は大きなセールスポイントとなろう。まだ，今後本格生産開始までは予断を許さないが，主幹会社を三菱が経験することになればこれは大きな前進となる。戦略的提携として，川崎重工業はCX/PXに注力しているため

5　その後，このPX/CXプロジェクトはともに初飛行を果たし試験中だが，量産化のめどは立っていない。民間機転用の計画はあるが実際には進んでいない。

6　その後日本航空は経営再建途上でエンブラエル機50機の発注は確定されなかった。しかしすでにJALグループとして10機のEmbraer170を10機保有している。

に，あまり積極的ではないが，富士重工業は参画を表明しておりほぼ航空機産業日本連合にはなりつつある。違う意味でマーケティング担当の商社，ファイナンス担当の銀行の参画も興味深い。ただ，日本以外のマーケットを狙う意味で中国・韓国・インド・ロシアへ等の参画を図らねばならないと思う。

JAXA　静粛型亜音速実験機

　JAXA は静粛型超音速機の研究を進めている。既に実験機の開発は進められており，2011 年に実験機の飛行が計画されている。超音速機はコンコルドの引退以来一般化されていない。コンコルドは機体が小さくて（狭胴機，100 席程度）全席ファーストクラスでは採算が取れなかったことも引退の原因ではあるが，機体が更新されずに騒音が大きく主要空港から締め出されていったことが大きい。ただし，ボーイングとガルフストリームの予測では 190 機から 570 機の需要があるという。190 機では採算が取れない可能性が高いが，570 機は可能性がないわけではない。飛行時間の短縮は航空機の宿命のはずである。そのために全席ファーストクラスとはいかなくても，ビジネス・ファーストクラスのみで採算が取れれば可能性はある。また，JAXA のキーワードである「環境に適した静粛な」は，三菱の実績からフランスなど欧州から注目され，共同研究が進んでいる。

　いまや，あらゆる産業で競争戦略の重要テーマとして戦略的提携が取り上げられるようになってきている。航空機産業では早くからボーイングと提携してきた。当初は YS11 の後継機が決まらずにボーイングの誘いに乗ってほぼ下請けから参画したが最新の B787 では誇り高いボーイングがロールアウト時に主要新聞に 2 ページ全面の広告で「日本の皆さんのおかげで完成しました」と掲載した。ここまで重要なパートナーに成長しているのである。しかし日本の航空機産業は 4. で述べたように輸出産業としてはドイツに次ぐ世界第 3 位ながら，売上高全体では欧州主要国にことごとく後れを取り，従業員数でも遠く及ばない。これは「主幹会社」として全世界に販売を行っている航空機が存在しないことが原因と推測する。MRJ や超音速機の例でも十分機体メーカーと素材産業の技術力は十分世界トップクラスとなっている。ただ，その中間に当たる中小部品メーカーと下請け産業にアキレス腱が潜んでいることが推測され

る。次にこの中小企業・下請け産業を取り上げてこの問題点を探りたい。これは航空機産業を自動車産業や電子産業と比較していては見出せず，同様の条件をもつ防衛機器産業・宇宙機器産業を研究したことによるものである。

2.5　航空機産業の分担生産と下請産業

　主要産業の多くでは1つの製品でも川下・川上あるいは下請・元請等分担生産が一般的になってきている。また素材から製品まで一社で一貫生産する産業も少なくなっている。航空機産業では確かにまだ小型機やヘリコプター（回転翼と呼ぶ）ではまだ部品から自社工場で制作する企業は多いが，中型機以上とくに民間旅客機では以前から分担生産や共同設計・共同生産が実施されてきた。これは当初多額の開発費を負担させることが主目的であった。ところが近年では素材の進歩により新素材を活用できるメーカーと戦略的に提携することが必要不可欠となってきた。また，Prime Contractor（以後，主幹企業）は寡占化が進んだ。さらに Program Partner（パートナー企業，以後，分担生産企業）といわれる大手メーカーも新規参入障壁の高さから寡占化され1社ごとの生産品目が限定された影響で，品目毎の生産量は増大の傾向である。今度はさらに細かい部位を構成する部品メーカーの育成が必要となってきている。自社内での生産も選択肢の一つだが，もはや限界に近い。自動車や電子機器産業に比べて系列化のような安定的な下請生産が育っていない産業は多い。

　自動車産業では系列化のように下請・孫請，素材産業との提携等が進んでいることが研究されている。しかしながら，生産台数，開発費金額，部品点数の違う航空機産業では同じような下請産業との提携は進んでいない。すなわち，自動車産業のように年間数百万台という生産台数を確保して，技術革新とコスト削減を促すことは難しい。航空機産業に限らず，この様に製品としての仕事量が限られるが一方で技術革新および技術力の継承が不可欠な産業は防衛産業・宇宙機器産業を始めとして多く存在する。この様な規模の経済性が有効に働かない産業において技術革新は停滞させずに競争力を高めていく方策を戦略的提携の観点から掘り下げていきたい。

　主幹企業である航空機製造会社とパートナーをその機体の生産分担を受け持

企業を「分担生産企業」といい，さらにその分担生産企業の下請けで主幹企業
とは直接の契約関係を持たない企業と「下請生産企業」と便宜上呼ぶものとす
る。

分担生産の競争戦略（Tier-1 まで）

　分担生産は各パートナー企業の持ち味を発揮して一つのプログラムに参加
し，そのプロジェクトの製造現場を体験できるという利点がある。各パート
ナーはそれまで他のプログラムでその分担範囲を担当した経験のある企業が選
ばれることが多いので実績と品質・工程等を主幹企業はある程度各々のパート
ナー企業に任せられる。分担する企業も経験から生産工程の熟練度・生産設備
も想定可能なので無駄な設備投資は行わない。分担生産の構成員であるパート
ナー企業は互いの得意分野の住み分けを解決策としている。得意の分野に特化
して，集中的に設備投資を行い，互いの仕事量の確保を図るのである。しかし
ながら，いかに経験豊かな主幹企業でも世界マーケットまでは誘導できないの
でその予測を超えることがある。この様な場合，限度を超えた生産過剰は納期
遅延・品質不良等，大きな問題を生む。分担生産という提携先にある程度委ね
られた生産体制は過大な生産計画のブレにも対応が難しいのである。これを補
うことを目指すのが下請産業の充実ではないだろうか。すなわち，各々の生産
設備を超えたときに生産工程を外注できる下請け産業のパートナー企業各社で
の構築が求められる。これには産業クラスターの育成が必要である。下請産業
の技術・生産能力を熟知しこれを間違いなくコントロールできる緻密な産業ク
ラスターに構築することが必要である。この様な産業クラスターは自動車・電
機産業はもちろん造船のような旧態型産業でも既にある程度形成されている。
トヨタ会やコマツ会のような下請会がそれに当たる。現在はある程度地理的な
集積も必要とされている。いつでも生産現場に技術者を派遣してすり合わせる
ことが重要である。

　この分担生産（Tier-1）企業群は MRJ を開発中の三菱重工業（生産開発主
体は三菱航空機）を始め，多くはかつて独自生産の機種を持っていたか，軍用
機や汎用機を生産している企業が中心である。これらの生産航空機を下記の表
に示す。これらの開発製造会社はかつてまたは現在単独で自主開発できる企業

群である。この中でいくつか特筆すべき案件を列挙すると，

(ア)　**C1 輸送機**：前章で CX として紹介した川崎重工が主開発・生産企業の輸送機である。開発当初はこのサイズのジェット輸送機がなく，海外展開も期待された機種である。しかし防衛省からの要求の特殊性・多様性もあって開発に時間がかかりすぎまた土壇場で主翼の部材を従来設計中だった炭素系樹脂から金属（ジュラルミン）に戻さざるを得ず，競争力を大幅に失っている。政府の支援で民間機への転用を推し進めているがこれには日本だけの市場を考えていると不可能で中国・韓国・インドあたり共同生産することを考えなければならない。中国またはインドネシアとの共同生産が有望ではないだろうか。

(イ)　**US1 救難飛行艇**：新明和工業が主開発・主生産企業の救難飛行艇である。この大きさでしかも大洋（太平洋・大西洋・インド洋）外海に着水できる機種は皆無である。大変有力な技術力と考えられるが，用途が海上自衛隊の海難救助くらいしかなく生産台数が伸びない。海難救助だけではなく，山林などの大規模消火用に応用できる。輸出ができれば需要があると思われる。空港の整備されていない国と地域に有望である。これもインドネシア・タイ等との共同生産が必要である。

(ウ)　**MU300 ビジネス・ジェット機**：三菱重工業が開発したビジネス・ジェット機である。大変高性能なビジネス機で潜在需要はあったと思われるが全くマーケティング能力がなく，またアメリカ民間航空局の機種審査過程変更の不運もあって売り上げが伸びず，米国レイセオン社に売却した。同社ビーチジェット・ホーカー 400 として販売を続け，その後も米軍の練習機として採用されるなど技術・性能的には秀逸であった。

(エ)　**F-2 支援戦闘機**：米国ロッキード・マーチン社の F16 戦闘機をベースとして三菱重工が主契約社，ロッキード・マーチン社などを協力企業として開発された。ベースは F16 だが，大型化したため炭素繊維強化複合材で主翼を

表 9-3　国産機開発生産状況

導入開始年度	機種	機別	用途	開発・製造	生産機数	備考
昭和 35 年	T1	ジェット機	練習機	富士重工	66	
昭和 39 年	YS11	ターボプロップ機	輸送機	NAMC*	182	
昭和 41 年	MU2	ターボプロップ機		三菱重工	765	納入機数
昭和 42 年	FA200	ピストン機	軽飛行機	富士重工	299	
昭和 43 年	PS1	ターボプロップ機	対潜飛行艇	新明和	23	
昭和 44 年	P2J	ターボプロップ機	対潜哨戒機	川崎重工	83	
昭和 45 年	C1	ジェット機	輸送機	川崎重工	31	
昭和 46 年	T2	ジェット機	高等訓練機	三菱重工	96	
昭和 49 年	US1	ターボプロップ機	救難飛行艇	新明和	20	
昭和 50 年	FA300	ピストン機	ビジネス機	富士重工	47	
昭和 52 年	F1	ジェット機	支援戦闘機	三菱重工	77	
昭和 52 年	T3	ピストン機	初等練習機	富士重工	50	
昭和 55 年	MU300	ジェット機	ビジネス機	三菱重工	103	
昭和 60 年	T4	ジェット機	中等練習機	川崎重工	212	
昭和 63 年	T5	ターボプロップ機	初等練習機	富士重工	42	
平成 7 年	XF2	ジェット機	支援戦闘機	三菱重工	4	
平成 12 年	F2	ジェット機	支援戦闘機	三菱重工	75	
平成 14 年	T7	ターボプロップ機	初等練習機	富士重工	48	T-3 後継機

注：*NAMC は日本航空機製造。
出所：日本航空宇宙産業会　平成 22 年度場より筆者が作成。

製作するなど独自の技術が多数盛り込まれており，日本の航空機産業の技術力が米国を愕かせている。

下請生産体制：Tier-2・Tier-3 について

　ここで取り上げる下請生産とは，基本設計には関与しないが，基本設計に基づいて詳細設計は独自で行い，基幹企業またはそのパートナー企業の承認を得て生産を行う企業をさす。基本設計にも参加するパートナー企業は基幹企業の増産・納期促進との要求には答えられないことが多く，それをカバーするのがここで取り上げる下請生産企業群である。下請生産の戦略経営は基幹企業やそれに準じるパートナー企業のそれとは大きく異なる。基幹企業やパートナー企業のように大きな開発費は負担できない。または，元請会社からの安定した受注で規模の経済を享受することがかならずしも可能な産業ばかりとはいえな

い。つまりある程度の生産単価は期待できるが，その分受注量は多くはならない。また製品精度等要求水準も高くなる場合が多いので生産工程は長くなる。熟練度が求められる場合が多い。この種の下請企業を育てることが産業全体の根幹となる。これが主幹企業およびパートナー企業となる大手企業の戦略となる。これら下請企業を育て，囲い込めることが主幹企業およびパートナー企業の必要不可欠な戦略的提携となるのではないだろうか。一方で下請産業も主幹企業およびそのパートナー企業から必要不可欠な存在であると認められる技術力開発が不可欠である。航空機産業では，いわゆる機体5社およびエンジン3社といわれる大手パートナー企業群は既にそれぞれ得意分野を持ち，主幹企業にとってはその存在はすでに必要不可欠となっている。次にこれら大手企業群がそれぞれ独自の得意分野で必要な特殊技術を持つ下請産業を抱える必要がある。下請産業にとってはこれら基幹企業またはパートナー企業から必要不可欠とされる技術力を持ってそれぞれのプログラムに対応できる設備および技術を携えてゆく必要がある。現在航空機産業ではこれらの下請産業，特に部品生産の多くをアメリカからの中心とする輸入に頼っている。これは日本の中小部品メーカーが主幹企業からの受注量の少なさのため航空機産業だけではその設備または技術力も維持できないからである。これでは産業自体が組み立て産業に陥ってしまう。日本の航空機産業の大手メーカー群は技術的には世界的にも有数であると思われる。ところがその主要部品の多くを輸入に頼っている。これら下請け産業を育てることが急務である。そのためには仕事量の確保以外に永続するプログラムが必要である。YS11だけで終わってしまってはならない。幸運にも日本には航空機産業のクラスター的産業集積が出来かかっている。航空機産業ではクラスターは名古屋東海地区など狭い地理的クラスターに頼る必要はない。航空機は部品も空路輸送できる産業である。エアバスの各工場，下請けメーカーはEUに広く分散しているし，ボーイングは太平洋・大西洋を挟んで日本・イタリア・ロシアと共同設計・共同生産を行っている。日本だけで大手航空機産業が7〜8社以上も存在することはこれだけで産業クラスターである。あとはこれにそれぞれの分野に必要な技術力を備えた下請け産業を育てることである。

2.6　事例研究　下請産業

　前節では育っていないと指摘した下請産業だが，新素材の採用等により参入企業が相次いでいる。参入の経緯は各社各様だが，中でも PAN 系炭素繊維の航空機への使用が大きな要因となっている。これら以外の炭素繊維素材メーカーも航空機産業への参入の動きもある。炭素繊維の製造は日本企業が圧倒的に約70％の市場占有率を誇っているのも大きな誘因である。ここではエンジン部品製造に異業種から参入した日機装，住友金属の事業部から独立航空機降着装置等の製造を長らく行っている住友精密，そして航空機整備から出発しトイレ・ギャレー[7]等に進んだジャムコを取り上げる。

〈日機装〉

　1953 年特殊ポンプのメーカーとして創業した日機装は医療用のポンプの製造に進出しこの業績を延ばし，さらに紛体機器から産業機器を経て炭素繊維強化プラスチック（CFRP）を素材にした航空機エンジン用部品（逆噴射装置用カスケード）の製造を進めている。CRFP 等新素材を使った下請け産業の育成の例として取り上げられる。CFRP 材は東レ・帝人他日本メーカーが素材の大手メーカーとして世界の大半を占める素材だが，これを活用できるメーカーは航空機産業では三菱重工業・川崎重工業・富士重工業等大手機体大手だけではあった。同社が参入して航空機エンジン用主要部品を生産するようになり，大手エンジンメーカーの IHI・三菱重工業・川崎重工業も自社設備を拡充しなくても，また輸入品に頼らなくても生産を拡大できるようになる。この例えば IHI と日機装の提携では新素材部品強度の研究等緊密なすりあわせが不可欠な製品なので輸入品に頼らなくてもよくなることの意義は大きい。また日機装は欧米エンジンメーカー向けの同部品の販売に成功し，この部品だけでも規模の経済を享受できるようになってきている。また，この技術を生かして日機装はさらに自動車部品の生産にも参入できる可能性が開けている。医療用ポンプの製造で得た技術を生かして航空機産業に下請け部品メーカーとして参入し，航

7　ギャレーは食事用トレーなどを機内で輸送する車両および格納装置を総称する。

空機産業を支える重要部品メーカーに育っている。この航空機産業で育まれた技術が自動車産業で応用されることは十分可能である。IHIとの戦略的提携を皮切りに航空機産業で培った技術の波及効果を享受できる企業となる。

〈住友精密〉

　住友精密工業は住友金属工業の一事業部門として主にジュラルミン材の製品製作を始め，米ハミルトン（現ハミルトン・サンドストランド社）のライセンス生産で航空機部品であるプロペラ・降着装置（脚）・油圧装置を生産していた。住友金属工業から1961年分離・独立，独自で航空機部品を生産するようになった。主にジュラルミン材の加工生産から発展し独自で設計提案のできる部品メーカーに育った。1977年から滋賀工場を拡張し，油圧機器から航空機部品工場を整備した。また，宇宙機器産業にも参入している。2008年に三菱重工業が国産ジェット旅客機の事業家を決定したとき，パートナー企業の1社として参画できるようになった。今後降着装置および油圧部品のメーカーとして世界の航空機主管企業からパートナーとして可能性が高い。この降着装置および油圧機器では世界的な航空機プログラムに参画していける部品メーカー数は限られているので大きな設備投資はなくても仕事量の拡大は見込まれる。また同じく自動車産業でも必要な素材・部品なので自動車産業への拡販を実現できれば規模の経済も徐々に享受していけるものと思われる。

　この企業も航空機産業での戦略的提携を引き金にそこで培った技術の波及効果が期待される。最近では三菱重工業MRJプロジェクトで主翼の素材変更により同プロジェクトでの重要度が高まっている[8]。

〈ジャムコ〉

　ジャムコは全日空・伊藤忠商事が出資して航空機および航空機部品整備をする会社として設立された。当初主に全日空の機体の整備業務から事業を発展し，その後旅客機の機内食等の運搬用トレーと化粧室の製造に参入し，これらの分野で世界トップのシェアを獲得するにいたった。化粧室の設計から進んで

8　MRJは当初炭素繊維による主翼設計で開発を開始したが強度計算上無理があり，金属に変更された。この設計・生産は住友精密が担当している。

機内内装設備を手がけるうちに素材が炭素繊維系強化プラスティックに変わっていった。これらの素材の加工技術を生かしてさらに機体部品を手がけるようになった。機体部品では熱交換器からエンジン部品まで手がけるようになっており，炭素繊維系素材の加工技術から参入し，徐々に手がける分野を広げている。この手法だと販売先の主管企業・パートナー企業が限定されず，条件の合う相手先と戦略的に提携できるようになり，設備・スキルの無駄を防ぎ，単一の大手の下請け圧力からも回避できるメリットがある。ジャムコはまさに航空機産業から生まれた企業である。当初は航空機整備事業で業務を開始したが，たまたま製作を手掛けた機内用ギャレー・カートの生産を始め，化粧室に手を広げ，航空機の内装で世界のトップ企業に躍り出た。航空機では内装から順次素材が金属から炭素繊維系に代わっていったためにその加工技術の習得を得た。つまり航空機産業で様々な航空機メーカーと戦略的提携を繰り返すうちに技術力を磨いた企業の典型である。

　表 9-4 にこれまでの主な日本企業が参画した海外航空機プロジェクトを列記する。

小括

　航空機産業では世界的に主幹企業はますます寡占体制が進んでいる。さらに航空輸送の増加・格安航空会社の参入とともに航空機の需要は拡大している。一方でかつての主幹企業でもあった航空機体メーカーは分担生産を担うパートナー企業としての仕事量は確保され規模の経済を享受できるようになった。さらに航空機産業が自動車・電機産業のように拡大を続けていくには主幹企業では国際産業クラスターを形成するとともに部品生産・加工等の下請産業の育成が急務となっている。日機装・住友精密・ジャムコ等の他産業で培われた技術を持って参入し，ライセンス生産から自主設計に切り替えて事業を拡大する企業が現れている。

表9-4　日本企業の海外プロジェクトへの参画状況

機体関係（固定翼機）ボーイング（米）

メーカー	機種名	参画日本メーカー	部位	参画形態	シェア
ボーイング（米）	B737（110～140席）	カヤバ工業	逆噴射装置制御弁	サブコン又はサプライヤー	
		川崎重工業	主翼リブ		
		小糸工業	座席		
		神戸製鋼所	チタン鍛造部品		
		島津製作所			
		ジャムコ	ギャレー		
		ナブテスコ			
		天龍工業	座席		
		東京航空計器	水平儀		
		日本航空電子	加速度計		
		富士重工業	昇降舵		
		パナソニック・アビオニクス	機内娯楽装置		
		三菱重工業	内側フラップ		
		横浜ゴム	飲料水タンク，化粧室		
	B747（490席）	川崎重工業	外側フラップ		
		小糸工業	座席		
		島津製作所	フラップ駆動用部品，スポイラ作動用装置		
		ジャムコ	ギャレー，化粧室		
		ナブテスコ	補助翼作動用部品，フラップ作動用機器		
		天龍工業	座席		
		日本飛行機	胴体フレーム，主脚扉		
		富士重工業	補助翼，スポイラ		
		パナソニック・アビオニクス	機内娯楽装置		
		三菱重工業	内側フラップ・中央扉		
		三菱電機	各種制御弁		
		ミネベア	各種ベアリング		
		横浜ゴム	飲料水タンク，ハニカム材		
	B767（210～250席）	三菱重工業	後胴，胴体扉	プログラム・パートナー	15%（日本）
		川崎重工業	前胴，中胴，貨物扉		
		富士重工業	翼胴フェアリング，主脚扉		
		日本飛行機	主翼リブ		
		新明和工業	胴体構造部品，水平尾翼後縁		
		カヤバ工業	前脚ステアリング機器	サブコン又はサプライヤー	
		小糸工業	座席		
		小糸製作所	照明機器		
		神戸製鋼所	チタン鍛造部品，アルミ鍛造窓枠		
		島津製作所	貨物室扉		
		ジャムコ	ギャレー		
		神鋼電機	電動モーター		
		ソニー	機内ビデオ装置		

		大同特殊鋼	鋼板		
		ナブテスコ	フライトコントロールシステム作動用機器		
		天龍工業	座席		
		東京航空計器	予備高度計		
		東芝	計器表示ブラウン管		
		日本航空電子	加速度計		
		古河アルミ	アルミ鍛造品		
		パナソニック・アビオニクス	機内娯楽装置		
		三菱電機	各種制御弁，計器表示ブラウン管		
		ミネベア	ベアリング，小型モーター		
		横浜ゴム	複合材，飲料水タンク		
	B777（350～500 席）	三菱重工業	後胴，尾胴，胴体扉	プログラム・パートナー	21%（日本）
		川崎重工業	前胴，中胴，貨物扉，中胴下部構造，後部圧力隔壁		
		富士重工業	中央翼，翼胴フェアリング，主脚扉		
		日本飛行機	主翼桁間リブ，スタブビーム		
		新明和工業	翼胴フェアリング		
		カヤバ工業	脚作動用装置，アキュムレーター	サブコン又はサプライヤー	
		島津製作所	主脚作動用機器，貨物扉作動用機器，他		
		ジャムコ	化粧室		
		ソニー	客室オーディオシステム		
		ナブテスコ	フライトコントロールシステム作動用機器		
		東レ	CFRP		
		日本飛行機	前脚扉		
		ブリヂストン	タイヤ		
		ホシデン	液晶表示装置（LCD）		
		横浜ゴム	飲料水タンク		
	B787（200～300 席）	三菱重工業	主翼	プログラム・パートナー	35%（日本）
		川崎重工業	前胴，主脚格納部，主脚固定後縁		
		富士重工業	中央翼および主脚扉とのインテグレーション		
		新明和工業	主脚前後桁		
		ブリヂストン	タイヤ	サプライヤー	
		パナソニック・アビオニクス	客室サービスシステム，機内娯楽装置		
		ジャムコ	ラバトリー，ギャレー		
		多摩川精機	角度検出センサー（5 種類）		
		住友精密工業	APU オイルクーラー		
		ナブテスコ	配電装置		

機体関係（固定翼）エアバス（英・仏・独・西）

メーカー	機種名	参画日本メーカー	部位	参画形態	シェア
エアバス（英・仏・独・西）	A330/340（253～335席）	神戸製鋼所	窓枠材	サブコン又はサプライヤー	
		住友精密工業	脚作動用装置		
		三菱重工業	後部貨物扉		
		ミネベア	ベアリング		
		横河電機	液晶表示装置（LCD）	タレスの下請け	
		ブリヂストン	脚用タイヤ		
		古河スカイ	超塑性アルミニウム合金		
		新明和工業			
	A380	ジャムコ	2階席用フロアクロスビーム，垂直尾翼用構造材	サブコン又はサプライヤー	
		新明和工業	翼胴フィレット・フェアリング		
		住友金属工業	純チタンシート		
		東邦テナックス	PAN系炭素繊維		
		東レ	PAN系炭素繊維		
		日機装	逆噴射装置用部品（カスカード）		
		日本飛行機	水平尾翼端		
		富士重工	垂直尾翼前縁，後縁		
		三菱重工	前部貨物扉，後部貨物扉		
		横浜ゴム	貯水タンク，浄化槽タンク		
		横河電機	LCDシステム		
		カシオ計算機	LCDシステムの液晶とガラス部分	タレス・アビオニックスの下請け	
		牧野フライス	マシニングセンター，主翼精密部品	タレス・アビオニックスの下請け	
		ブリヂストン	脚用タイヤ	サブコン又はサプライヤー	
		住友精密工業	脚部品		
		三菱レイヨン	炭素繊維材料		
		パナソニック・アビオニクス	機内娯楽装置		
		小糸工業	座席		
		ミネベア	各種ベアリング		
		昭和飛行機	アラミッド・ハニカム		
		コミー	手荷物部ミラー		

注：B767にプログラム・パートナーとしてTier-1（一次下請）に三菱重工業など機体メーカー4社が参画したが，その後B737/B747にも複数メーカーがボーイング社の下請けとして参加している。これら以外に東レなど素材メーカーを加えるとさらに多くの企業が参加している。エアバスにはA330-A340/A380からサブコン・サプライヤーとして多くが参加している。特にA380には素材メーカーが複数参加，東レなど現地フランスに工場も設立している。最新型のボーイングB787とエアバスA380への参画については以下図7-1を参照。

出所：日本航空宇宙工業会「データベース航空宇宙産業」2007年4月同会のWeb Pageに掲載。

図 9-1　ボーイング B787／エアバス A380 への参加企業

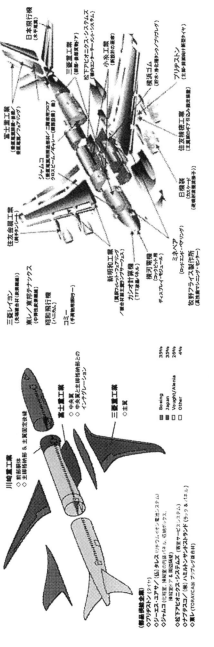

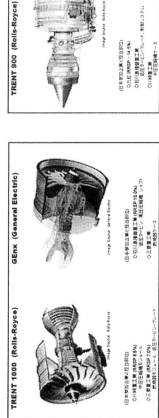

出所：社団法人日本航空宇宙工業会「データベース航空宇宙産業」2007 年同会 Web より筆者が改訂。

第 10 章

その他の国々の競争戦略

　本章では，これまで取り上げたアメリカ・ボーイング社，EU・エアバス社と日本の航空機産業以外の国々の航空機産業を取り上げる。特にインドネシアの国策企業としてスハルト政権時代に産業政策の目玉となったが，その政権崩壊後衰退している IPTN という航空機製造会社の競争戦略を探る。そして，その他の国々の航空機産業，特に東アジアの韓国・中国，ロシアおよびカナダの航空機産業の実態を探る。

　三菱重工業は独自の国産ジェット旅客機を 2012 年度に商業生産を進める由の発表を行った。この国産航空機は 70-90 席級で，三菱重工は市場調査を始め，商業化の可否を 2007 年度末に決めた。ところが，世界では既にこのクラスはカナダのボンバルディアとブラジルのエンブラエルがそれぞれ受注を開始しており，70 席級のボンバルディア CRJ700 は 2001 年に初就航，90 席級の CRJ900 も 2001 年 2 月に初飛行を済ませている。また，ブラジルのエンブラエルも 70 席級の ERJ175 から 108 席まで可能な ERJ-195 まで 4 機種を同時に発表，既に初飛行も終えている。この様な世界市場にこれからの商業生産で乗り込むのはとても勝ち目があるとは思えないといわれた。「YS11 の二の舞となる」可能性があると思われる。第 7 章で取り上げたブラジル・エンブラエル社は今や 108 席クラスまでのジェット旅客機を生産する世界第 4 位の航空機メーカーである。この航空機はこのクラス最高の価格競争力・納入実績・受注算を兼ね備える競争力の甚だ強い機体である。しかしながら，ほんの 20 数年前の 1980 年代には同社は倒産の危機を孕む国営企業であった。

　筆者はこのエンブラエルとインドネシア（旧）IPTN にはいずれも担当して深くかかわってきたので両社への政府の産業政策の関わり方と両社の経営戦略を特に比較する。

1.　インドネシア・IPTN の失敗

　インドネシアに本格的な航空機生産を目指した企業が存在した。インドネシアの IPTN 社は国営企業からの脱却と国際的な提携の失敗が大きな原因となって衰退した。IPTN 社は現在，ディルガンタラという社名に変わり[1] まだ国営企業ではあるが，本格的に航空機生産は続けているとは言い難い。主に CASA 社とのライセンス生産の C212（インドネシアでは NC212）と共同設計の CN235（同 NC235）の受注残をこなしている状態である。

1.1　ヌルタニオ航空機製造

　IPTN はヌルタニオ（Nurtanio）というインドネシア・バンドンの民間企業を前身としている。1976 年 8 月に国営石油公社系の Pertamina Advanced Technology & Aeronautical Division などと統合して国営会社 PT. Industri Pesawat Terbang Nurtanio（IPTN）がインドネシアの航空機産業の振興を目的に設立された。1976 年からスペイン CASA 社のライセンスで C212（インドネシア名 NC212）という 18 席の近距離輸送機を生産開始，独 MBB の BO105 ヘリコプター，フランス Aerospatiale 社の SA330 PUMA ヘリコプターのライセンス生産を経て，CASA 社との 44 席クラスターボプロップ貨客機 CN235 の共同開発を始める。

1.2　国営化への道筋

　オランダの民間企業で技術担当役員として従事していた B. J. ハビビ氏が当時のインドネシア・スハルト大統領から呼び戻され，科学技術庁長官として入閣，同時に IPTN 社（当時はヌサンタラ《NUSANTARA》と言う社名であった）の社長を兼任した。これで国営化・国策企業化が進み「幼稚産業保護」の

1　現在は IAe（Indonesia Aerospace）社とさらに名称変更している。

名目が多大な国家予算が投入されていった。欧米航空機メーカー部品のライセンス生産から始まり，ヘリコプターのライセンス生産，スペイン CASA 社 C212 のライセンス生産を順調にこなし，同 CASA 社との CN235 機の共同生産にこぎつけた。

　CN235 の共同生産の成功，推進化以降の IPTN 社の躍進は目覚しい。礼長である B. J. ハビビ氏（インドネシアの経済企画庁長官・副大統領を歴任，後にスハルト氏の後継大統領となる）の肝いりで幼稚産業育成の名の下，次々に大型予算が投入された。工場の拡張とともに新しい案件が実行されていった。CN235 の CASA との共同生産・共同設計に続き，さらに大型の 50 席 N250 の開発・試作，C212（インドネシアでは NC212 と呼ぶ）及びの増産・輸出，CN235 の生産を進めた。さらに，上記 N250 の試作機初飛行時には 100 席クラスのジェット機 N2130 の計画を発表された。当時は南アジアで最大の航空機メーカーとなっていた。

1.3　戦略的提携の失敗

　CN235 で共同設計・生産を行ったスペイン CASA 社とは次機 N250 では共同設計には踏み切れなかった。これは CASA 社とは共同設計・共同生産とはいいながら小型の C212 の独自設計・生産で実績のある CASA 社とその C212 のライセンス生産から本格的に旅客機の開始した IPTN 社では対等な共同設計はできず，事実上 CN235（インドネシアでは NC235 と呼んだ）ほとんど CASA の設計といってもよい。さらに世界的な型式証明となるアメリカ FAA の滞空証明はスペイン CASA 社の単独取得となった。これは，事実上インドネシア製 CN235 はインドネシア国外へは輸出できないことになる。IPTN 社はこの難問を解決すべく政府間取引を利用した。インドネシアという東南アジアの大国という地位を利用して同じ東南アジアまたは回教国家への政府ぐるみの売込みを講じた。例えばタイへはタイの米を輸入する代替で NC212 または NC235 を軍事用として売り込んだ。特に NC235 は後部扉が大きく戦車を積み込めるので有力であった。これらの努力も次項で述べる政治的混乱で一挙に壊滅する。

　ただ肝心の海外有力航空機産業との戦略的提携は低迷であった。先に述べたスペイン CASA 社との提携は不調で NC235 は共同設計・生産という形式は取れたが実際の設計はほとんど CASA 社によるものであった。生産開始後もアメリカ FAA の耐空証明は ASA 社に供され，IPTN は独自でも取得を試みるが結局同じ機種には一枚しか出せないというアメリカの決定により断念，海外民間への輸出は事実上不可能となった。他の方策はインドネシア航空局（DGAC）による耐空証明で売り込む手があるがこれは，DGAC の国際的評価が低くて現実的ではなかった。他にヨーロッパの JAA の耐空証明も CASA のお膝元では不可能とあって，民間への輸出は絶たれた。

　CN235 の次に開発された 50 席の N250 では最早 CASA 社との共同設計は断念し，独自で設計を試みたがなかなか進まなかった。そこで IPTN は政府予算を使ってまた政府筋のバックアップを得てエンジン部品下請けの関係もあるアメリカの有力エンジンメーカー GE 社の協力を仰いだ。GE は多数のエンジニアをインドネシア・バンドンの IPTN 本社へ送り込んで N250 の設計・試作機製作を強力に推し進めた。この結果，IPTN は 1996 年のインドネシアジャカルタ新空港で催された航空ショーでの初飛行にこぎつけた。ところが，その後のこの N250 は試作機 2 機の私見飛行以降は遅々として進まなかった。これは GE エンジニアによる突貫工事で試作機初飛行までは何とかこぎつけたがその後 GE エンジニアが引き上げると独自では何もできなくなってしまった。GE との実質的な共同設計・共同生産ができていなかったものと思われる。つまり GE からの技術移転がなされなかったのである。これは 20 世紀に多くの国・産業で行われわれた「幼稚産業振興政策」での典型的な失敗例の一つといえる。

　IPTN はインドネシアの国家的金融危機・政治的混乱の余波をもろに受けた。スハルト大統領の退陣，ハビビ大統領の短期引継に続く降板，その後の短命に終わった諸大統領の IPTN への冷遇をもろに味わうことになる。2007 年2 月にインドネシア政府により国営企業の半分を 2009 年までに半減して 139社にすることが発表された。これに IPTN が含められているかは現時点では不明である。エンブラエルの例でもこの IPTN の改革には民営化が大きなポイントとなろうが，有力なパートナーが現れるかが大きな問題点である。既に

民営化が発表されている国営企業の中では経営再建中のガルーダ・インドネシア航空があるが，こちらはインドネシア国内の航空権益を持つ会社で外国の航空会社などが資本提携先としてあげられている。果たして IPTN はどうか。提携先として航空機製造への興味を示す海外企業が現れるかが問題となろう。

　その後の IPTN（旧ディリガンタラ，現 DI）は受注残の国内軍部向け CN235・CN212 の細々とした生産を続けている。一方，米 GE との提携で始めた航空機エンジンの整備及び部品の製作を行っている Universal Maintenance Center（UMC）は現在も操業を続けている。

2.　ブラジル・インドネシアの両社の比較

　ここまでの実証研究で述べてきたようにブラジル・インドネシアの両国航空機製造企業の成功と失敗は非常に顕著であった。ここでその両社の明暗をいくつかの点から分析したい。まず，最大の差異は言うまでもなくインドネシアにおける政治的・経済的混乱である。しかしながらブラジルでも何回かの金融危機は経験しており，ここはその問題については言及を避ける。まず，両社間には明らかにその経営環境の基盤の相違があった。

2.1　技術的基盤

　インドネシアには第 2 次世界大戦前後も航空機産業の基盤はほとんど無し。IPTN 社の前身のヌルタニオ社は純然たる航空機産業ではなく航空関連の部品製造業であった。第 2 次世界大戦後もスカルノ政権時代は独立と米ソ両大国の冷戦に巻き込まれないよう第 3 世界の確立に奔走し，次のスハルト政権になるまで自国産業の育成には手が回らなかった。漸くスハルト大統領がハビビ氏を招き IPTN 社を保護育成して育成策をとり始めたのは 1983 年ころのことでありそれから独自の N250 開発発表までさらに 6 年余りを要している。

2.2　IPTN 提携に失敗

　IPTN が新型の中型プロペラ機さらに中型ジェット機を開発するのに欧米・日本を含めて広くパートナーを求めた。日本にも IHI・三菱重工・大学への技術支援を求めたが，日本の企業は人件費の安価な下請け先としてしか検討されなかった。唯一参画した米 GE 社も自社エンジンのインドネシア航空業界でのサービスの一環として，受注契約の義務としてエンジニアの参加を実施したが，IPTN への技術移転はほとんど行われなかったといってよい。技術移転とはその後移転先の進展で強力なライバルとなることがよくあるのでそう簡単に論じることはできない。しかしながら GE にとっては IPTN を移転先とみるケイパビリティのある取引相手とは思われていなかったようである。

3.　その他の国々の航空機産業

　その他の国々の航空機産業として，日本と同じ東アジアから韓国と中国，さらに航空機産業の大国であるロシアとカナダについても論究する。

3.1　韓国の航空機産業

　韓国は 1980 年代までライセンス生産や部品下請けを行っていた大韓航空，三星航空宇宙工業，大宇重工業の 3 社に機体組立で参入した現代宇宙航空で韓国航空宇宙工業会が 1992 年に設立された。1997 年の経済危機における財閥構造改革の動きで三星・大宇・現代の航空宇宙部門が統合され 1999 年に韓国航空宇宙産業株式会社（KAI）が設立された。

　KAI では韓国空軍の練習機を開発・製造しながらエアバス・ボーイングの部品生産を開始した。2002 年からはエアバス A380 のリスク・シェアリング・パートナー（RSP）として参画し，A321 の部品製造でも参加している。新型機 A350 ではエアバスの外部委託比率の増大（50％）方針から参加の継続が予想されている。エアバスは日本企業のボーイング寄りが鮮明なため韓国と中国

への傾倒を強めている。

3.2　中国の航空機産業

　中国ではロシアと同様国営企業をはじめとする多くの航空機産業企業の再編が進められている。社会主義的市場経済が進展する中で国営企業の不振と失業者の増大からの社会不安を憂慮した中国政府は国営企業の再編を改革の一つに掲げた。国営企業の中国航空工業総公司（AVIC）を第一・第二集団公司の2つに分割した。

〈中国航空工業第一集団公司〉

　瀋陽・成都・西安・上海の主要企業と航空機エンジン・機器メーカー等を傘下に持ち，軍用機・民間機・航空エンジン・航空機器・武器・爆弾からガスタービン・自動車・オートバイ・冷蔵庫までの開発・製造・販売・サービスを行っている。

　1998年にはNRJ58（58席）とNRJ76（76席）の開発を公表，2000年には上海航空工業公司など4社でジョイントベンチャーを設立して調査・研究を行ったが政府の支援を受けられなかった。

　2002年にはARJ21開発計画に政府（国務院）の承認を得たと公表された。傘下企業15社で中航商用航空機が設立された。この主要傘下メーカーは下記の6社である。

1 ）上海航空機工業（集団）公司（SAIC）
　　米マクダネル・ダグラス社　MD82/83，MD90-30T 垂直尾翼の生産
　　米ボーイング　B737垂直尾翼部品，B747主翼リブの生産
2 ）西安航空機工業（集団）公司（XAC）
　　軍用機　H6/JH7爆撃機，Y7ターボプロップ機，Ma60/40
3 ）瀋陽航空機工業（集団）公司（SAC）
　　軍用機　J5/6/7/8/11戦闘機，JJ6練習機，
　　米ボーイング B767尾部
4 ）成都航空機工業（集団）有限責任公司（CAC）

軍用機　J7/10/FC1 戦闘機，JJ5 練習機，
米ボーイング　B757 尾部
EU エアバス　A320 旅客扉・中央翼部生産
5 ）中国貴州航空機工業（集団）有限公司
軍用機　J7 戦闘機，JJ7 練習機
6 ）中航商用航空機（COMAC）
ARJ21 開発

　この中で特筆すべきは 6.の中航商用航空機（COMAC）の AR21 開発計画である。試作機はすでに出来上がり中国国内のエアラインから発注を得ていると発表，2011 年から引き渡しを始めるとほじられてきた。ところが最近同社はこの開発をカナダ・ボンバルディア社と共同生産することが報じられた。これが事実なら同社は自主開発を断念せざるを得なくなったということである。

〈中国航空工業第二集団公司〉
　洪都，ハルビン，シャンシィ，昌河の主要企業と航空機エンジン生産工場を含む企業グループ。
　➤　洪都航空機工業集団（HONGDU）
　　　軍用機中心，CJ5/J6 戦闘機，CJ6A 練習機，Q5 攻撃機，N5A 農業用機
　➤　ハルビン航空機工業集団
　　　H-5 爆撃機，Y11/Y12 輸送機，Z5/9/EC120 ヘリコプター
　➤　シャンシィ航空機工業（集団）公司）（SAC）
　　　Y3 ターボプロップ輸送機
　➤　昌河航空機工業（集団）有限公司
　　　Z8/11 ヘリコプター，S-92Helibus 主翼
　➤　ハルビン・エンブレア航空機工業
　　　ERJ-145 ファミリーの下請部品生産
　　　　　　　　出所：日本航空宇宙工業会，『世界の航空機産業』，平成 22 年度版，2009 年。

　特に成都航空機工業（集団）有限責任公司（CAC）はエアバスと 2005 年に

A320 の組み立て用の合弁工場を中国に設立することで合意し，A350 の分担生産枠を検討している。こちらも韓国に続き，エアバスの戦略的提携の発露となっている。また日本の米ボーイングとの共同生産が大いに参考とされている。

　いずれも中国はまだ航空機の自主開発には時間を要するものと思われる。しかし部品生産等 Tier-1 以下のパートナーとしては大量使用国とのつながりとして有望である。

3.3　ロシアの航空機産業

　旧ソ連邦の崩壊でロシアおよび CIS の航空機産業は大きな打撃を受けた。防衛需要は激減し，エアラインも西側の機種を導入した。ロシアの航空機業界は大幅な再編を行った。2001 年には 316 社あった大小の航空機関連企業をロシア航空宇宙局が 9〜11 社に統合しようとした。さらにロシア国外の米ボーイング・EU EADS との協議を経て，大きく 6 グループに系列化された。

〈a.　Illyushin（イリューシン）〉

　イリューシン・VAPO・政府で共同持ち株会社設立。Il96-400 は開発中か。

　①イリューシン設計局

　　軍用機　輸送機他多数。

　　長距離 4 発ジェット機　Il62　広胴 4 発ジェット Il96 他

　② VAPO Il96-300 や Il96-M/N の旅客機を生産。

〈b.　RSK Mig（ミグ）〉

　Mikoyan 設計局，Kamov 設計局等を含む。戦闘機部門で継続。

　①ミグ設計局　ミグ戦闘機で有名。一貫して戦闘機を開発。

　② Kamov　ヘリコプターの開発を行ってきた。

〈c.　AVPK Sukhoi（スホーイ）〉

　①スホーイ設計局

表 10-1　ロシアの主な航空機産業

グループ名（おもな生産機種）	英文名
a. Illyushin（旅客機）	Illyushin International Aviation Co.
① Illyushin（1933 設立）	Aviation Complex for Illyushin
② VAPO	Voronezh Aviation Production Association JSC
b. RSK MiG（戦闘機）	Federal State Unitary Enterprise Russian Aircraft Building 'MiG'
① Mig	Mig Aviation Scientific Industrial Complex
② Kamov	Kamov JSC
c. AVPK Sukhoi（戦闘機）	State Unitary Enterprise Aviation Military Industrial Complex Sukhoi
① Sukhoi	Sukhoi Enterprise Design Bureau JSC
② Beriev（1932 設立）	Beriev Aviation Company
③ Irkut OAO（1934 設立）	Irkut Scientific production Corporation JSC
④ KnAAPO	Komsomosk-on-Amur Aircraft Association
⑤ NAPO（1936 設立）	Novosibirsk Aircraft Production Association
d. Tupolev（旅客機）	Tupolev JSC
① Tupolev 設計局	
② AVIASTAR（1976 設立）	
③ AVIACOR（1930 設立）	
e. Yakovlev（旅客機）	Yakovlev Aviation Corporation JSC
Yakovlev（1927 設立）	Experimental Design Bureau named for Yakovlev
f. Mil（輸送ヘリ）（1947 設立）	Moscow Helicopter Plant for M.L. Mil JSC

出所：日本航空宇宙工業会，『世界の航空機産業　平成 22 度版』より筆者が作成。

　　ロシア・リージョナルジェット（RRJ）の開発

②Beriev 設計局　水上機の開発。　1996 年スホーイの一員になる。

③Irkut OAO Antonov，Ilyushin，Mig，Sukhoi 等の設計機の生産。
エアバス A320 ファミリーの部品を生産していたが，2005 年 A350 リス
ク・シェアリング・パートナーとして参画。

④KnAAPO　スホーイの生産センター。

⑤NAPO　主に Sukhoi の生産会社。Sukhoi の RRJ 製造担当に指名される。

〈d.　Tupolev（ツポレフ）〉

　ロシア政府と Tupolev 設計局で AVIASTAR 生産工場を統合，43％を保有。

① Tupolev 設計局

　　主に爆撃機や旅客機等大型機の開発。Tu16 爆撃機，Tu95/142 ターボプ
　　ロップ機，Tu22Blinder/22MBlackjack，Tu160Blackjack。
　　中距離機 MS21 の開発。130〜170 席ファミリーの開発。
② AVIASTAR 社
③ AVIACOR 社

〈e.　Yakovlev（ヤコブレフ）〉

　Yakovlev 設計局，サラトフ・スモレンスク両生産工場を統合。

　これ迄に 70,000 機の Yakovlev 機を生産。Yak18 練習機，Yak28 戦闘爆撃
機。小型機・中型機の設計・生産を目的に現代（韓国）と合弁会社を設立。伊
Aermacci 社と共同で Yak130 練習機を開発。

〈f.　Mil（ミル）〉

　ヘリコプターの生産。

　Eurocopter 社と共同で Mi38 を生産，Eurocopter 社は 2003 年に撤退。

　中でも特筆すべきは c. スホーイ（AVPK Sukhoi）グループで，ロシアン・
リジョナル・ジェット（RRJ）の開発をボーイング社共同で決定し，スホー
イ スパージェット（SSJ）シリーズとして生産を開始している。2009 年 8 月
の時点ですでにエアロフロート社・アルメニアの航空会社から 70 機の受注を
得たとし，2009 年中の引き渡しを予定している。ロシア政府は 8 月にロシア
で最大の国際航空ショー（MAKS）を実施し，航空機製造を戦略産業と位置
づけて支援を強化している。

3.4　カナダの航空機産業

　カナダでの航空機産業の発展は戦略的提携ではなく M&A である。カナダ
では第 2 次世界大戦前から英国本土の補助の形で航空機の工場が設立されてい
た。戦後航空機産業の縮小で撤退を余儀なくされたがその中でも独自の活動を

続けたのが DE Havilland Canada 社（DHC）と Canadair 社であった。

　DHC は STOL 汎用機や輸送機に活路を見いだし，DHC2，DHC3，DHC4 および DHC5 を米軍向け等に輸出を続け，DHC6 Twin Otter や DHC8（ダッシュ 8）コミューター・リージョナル機は世界的にも販売を続けた。日本航空と全日空がコミューター用に YS11 の後継機として購入したのが発展系の DHC8（ダッシュ 8 Q シリーズ）で現在も生産を続けている。現在までの総生産機数は 800 機を超える。Canadair は戦闘機生産の流れを受け継いできた。McDonnell Douglas CF18 Hornet の輸入・オフセット生産を担当したが，軍縮で早く採算が悪化し国有化された。この 2 社に代わって航空機産業に登場したのが雪上車や鉄道車両の生産を経て航空機に参入したのが Bombardier 社である。Bombardier 社はまずカナダ政府から Canadair の株式を譲り受け，アイルランドの Short 社，北米の Learjet 社を買収し，Boeing 社傘下であった DHC も取得した。これでカナダの機体メーカーは Bombardier1 社となった。Bombardier は日本の三菱重工業と関係が深く CRJ700/CRJ900，Global Express/5000 の共同生産パートナーとなっている。Bombardier はこのように戦略的提携ではなく M&A で発展した企業で現在でも航空機産業というより鉄道を中心とした輸送機器産業という色合いが強い。航空機産業でも買収した DHC，Canadair，Learjet などの工場・ブランドをそのまま使っており，ブランドの独立性は高いが共同設計等の提携は三菱重工業を除いてあまり採用しておらず企業としての求心力に乏しい。近年ではリージョナル機でも専業メーカー Embraer に並ばれている。三菱重工業との提携も三菱が MRJ の生産を本格化させるとこれ以上の進展はないかもありない。

小括

　ブラジルとインドネシアの航空機開発の成否を分けたもっとも大きな理由は戦略的提携の成否であったといえる。その基盤には培われてきた航空機産業での技術革新の積み重ねがあったことも否定できない。その他の国々の場合でも戦略的提携の交渉をする前に技術革新基盤の有無がある国々とない国々にはわ

かれる。基盤があるのはカナダ・ロシアであり，無いのは中国・韓国・インド
もない。ある国々でもこのまま戦略的提携など技術革新の先端的な流れに残さ
れるとオランダやスウェーデンの様に先進国とは呼べなくなる可能性は秘めて
いる。一方でない国でもシンガポールの様に取り込む努力を続けている国々は
徐々にエンジンなどの部品またはアフターサービス・マーケットなどから先進
国に仲間入りできる門戸は開かれる。インドネシア・韓国・中国・インドはそ
の大きなポテンシャルを試される時に来ている。

第 11 章

航空機産業と独占禁止法

　戦略的提携（アライアンス）が伝統的提携やM&Aなど資本の保有を含む統合に対し，戦略的に優位であることを独占禁止法や競争政策への適応で解説する。技術優位な産業として航空機産業ではM&Aで統合されてその後廃棄され，縮小され消滅してしまう将来可能性のあった技術や事業があった。ヨーロッパではSAABというレシプロエンジンやターボプロップエンジンを搭載したプロペラ機を生産するスウェーデンの航空機メーカーがあった。日本でも日本エアコミューターや北海道エアシステム，国土交通省が保有していた。その後エンブラエルやボンバルディアとの競争に負けて航空機事業を撤退した。日本の航空機産業が第二次世界大戦後の7年間の新機種開発禁止やYS11生産終了後の自主開発のブランク後に認証等で苦労した。またほぼゼロからスタートしたインドネシアでは航空機自主開発が続けられずに頓挫した。このようにいったん廃棄した事業を再開するのは容易ではない。培われてきた技術，特に飛行機を飛ばすという能力は作り続けることによってのみ継承される。この意味で寡占が進む航空機産業では戦略的提携の手法で技術継承がなされることは重要である。

　独占禁止または競争促進政策の国際的潮流とそれに伴う各国の制度採用とくにリニエンシー制度について言及し，世界的な独占禁止政策の強化を概観する。さらに，航空機産業の特徴とその優位性・問題点を抽出し産業の特性を展望する。特に本章ではすでに寡占[1]状態の産業であることを強調する。特にM&A等によるこれ以上の寡占は不可能な産業の典型である航空機産業での競争戦略としての戦略的提携を取り上げ，その提携スタイル上の優位性を提唱す

1　寡占の定義は確立されていないが，概ね4~5社が市場占有率70％を超える産業を寡占とする一般的な産業組織論潮流を採用したい。

る。具体的には，主な航空機産業保有国のそれぞれの戦略的提携の在り方を取り上げ，その政策としての優位性と問題点を指摘する。

　おわりに，一般的な競争戦略としての戦略的提携の優位性を提唱しながらも，その問題点をとりあげる。効率性を重視しなければならない産業での戦略的提携の競争戦略としての優位性は明白だが，一方で新規参入の難しさは依然として存在する。

1.　前提

　カルテル・談合の禁止を含む独占禁止法違反および競争促進政策に対する議論が高まっている。わが国では 2006 年 1 月に導入はされたが「日本になじまない」ともいわれていた課徴金減免制度が成果も上げている。カルテルや談合など独占禁止法違反に関与した企業でも最初に申告した企業は刑事告発も基本的に免除される制度である。減免制度の導入の一方，課徴金の算定基準も引き上げられたため，課徴金の総額は増加している。2010 年度はすでに 6 月の時点で 200 億円を超え，昨年度の約 360 億円を上回るのはほぼ確実とみられている。公正取引委員会は「課徴金が高額化し，企業が業績への影響などリスクを考慮するようになったことが減免制度定着の背景」というが，検察当局への刑事告発も 2008 年以降ストップしている。今後は刑事告発以外に米国のように刑事制裁の強化も重要といわれる。

　一方で現実の産業では寡占状態が進み品目によっては独占状態になっている機器も増えてきている。完全競争は理論上のみとしてもほとんどの産業で寡占状態は常態となっている。特に過度に寡占が進み，独占と変わりない産業も多い。一方で経済のグローバル化は進み，海外との国境を越えた競争のため規模の経済性を目指す合理化は避けて通れない状態になっている。このような進んだ寡占状態でしかも取り締まりが厳しくなっていく独占禁止法の適用を免れ，競争促進政策にも合致する競争戦略として戦略的提携が注目されている。本稿ではこの戦略提携と独占禁止法との関連性を探り，さらに寡占状態の進んだ航空機産業に着目してその実証を試みる。

2.　戦略的提携の理論的根拠

　戦略的提携の経済学的考察は第3章1. に詳説した。戦略的提携とは，①複数の企業が独立したままの状態で合意された目的を追求するために結びつき，②パートナー企業がその成果を分け合いかつその運営に関してコントロールを行い③パートナー企業がその重要な戦略的分野において継続的な寄与を行うこととされる。

　ここで注目されるのは「合意された目的」と「継続的な寄与」を行うということではないだろうか。すなわち例えば航空機産業の新型機プロジェクトはその「合意された目的」といえる。そしてその新型機プロジェクトが遂行されつづける限り，パートナー各社は「継続的な寄与」を行い，その恩恵を受けるのである。戦略的提携の前提にはパートナーとして相手にその経営資源を認められるいくつかの要素が必要とされる。またさらに戦略的提携には，a. 潜在的なライバルを戦略的提携の内側に取り込むことでその脅威を効果的に中和し，b. さらに戦略的提携をめざす企業にその参加による意味のある効果を生み出す。結果経営資源や業界での地位，スキル，知識などを結びつけることにより提携を成功に導く。また，新しいスキルを学習することによりそれを内部化するためのよいきっかけとなる。

　他方，戦略的提携が参入・退出が自由であることは提携の解消も自由である。提携解消の自由は継続的な寄与に反するため，アライアンスを強固なものにするのは別個の求心力が主幹会社には求められる。これがインテグレーション能力や技術波及効果に代表されるその産業の技術革新能力が求められるのである。

3.　戦略的提携と独占禁止法

　多くの産業では規模の経済性を追求して企業結合が進む傾向にある。しかし過度の寡占または独占は独占禁止政策上または競争政策上排除されている。そ

こで独占禁止政策上問題がなく，しかも経営資源の活用で効率が高く規模の経済性を追求できる競争戦略として戦略的提携が位置付けられる。

3.1　戦略的提携と独占禁止法

　前節で述べたとおり戦略的提携には資本関係は発生しない。親子会社による利益誘導・強制的支配は存在しない。また，資本関係以外にも構成メンバーの独立は確保されているのでいわゆる下請け的隷属関係も存在しない。

　次に，戦略的提携では参入・退出の自由が保障されている。参入にはそのアライアンス・リーダーを含めたパートナー各社が認める経営資源を保有していることが求められる。そしてその提携により相互に継続的な寄与が認められる必要がある。これは例えばコスト競争力を含めた技術力であり，十分な寄与が期待される設備であろう。また同じく戦略的提携はお互い提携することによるメリットを認識したうえでの契約に基づくのでそのメリットが消滅した場合には退出には制限はない。

　さらに，各パートナー企業には資本的な独立が確保されているので各々の継続的な利益を享受できる。伝統的な提携では散見する短期的な利益に基づく参入での場合や資本関係はなくとも存在する従属的な不利益は存在しない。いわば短期的な利益を求めた提携や強制的な下請け契約とは一線を画する。

　以上の条件を満たせれば戦略的提携は独占禁止法には準拠し，あるいは各国の競争政策に順じたものである。

3.2　国際的潮流

　国際的にも各国で各地域の競争法に準じた独占禁止政策法は拡充されている。ことに価格の強制を含むハード・カルテルには厳しい禁止施策が取られている。また課徴金の額は年々多額化している。そしてその課徴金の大きさとともに，リニエンシー制度により告発が増え，摘発件数は増加してきている。これにより業績への悪化を懸念する企業が増えている。また効果理論の適用により自国外企業であっても自国への影響で遡及する制度を持つ国が増加すること

も新たにリスクとなっている。

　この様な競争法の普及は世界的な潮流となっている。日本でも EU やアメリカに遅れながらも反カルテルの産業・企業毎にカルテルを禁止しようとする活動が進展している。ハード・カルテルのみならず，市場支配的な地位の濫用など競争抑制的な取引を禁止する政策も下請法の充実と適正実施で推し進められている。

3.3　高度な技術優位産業の競争施策

　すでに寡占または独占状態の産業ではこれ以上の資本的支配は認められず，一方で細分化された高度な技術を蓄積している企業はすでに限定されたものとなっている。このような高度な技術蓄積の重要な産業では各国の競争政策に準じて効率を高めるには戦略的提携（アライアンス）が非常に重要となっている。ここではすでに寡占状態が進んでいても独占禁止法の適用は限定的である。これは代替できる企業が極度に限られているからある。

　航空機産業はこの様な高度な先端技術が大きく支配する産業の代表といえる。次節以下でこれまでの解説を踏まえて実態を検証することにする。

4.　独占禁止政策と国際的競争政策の潮流

　本節では我が国及び各国の独占禁止政策と国際的競争政策の潮流を研究し，これから現実の戦略的提携の整合性を検証する手立てとしたい。独占禁止政策は特に戦略的提携と対比してとらえられる企業結合に対する規制の観点に絞って論及する。

4.1　独占禁止政策と独占禁止法

　独占禁止法では各種企業結合と圧倒的な支配力を規制している。本稿では様々な禁止措置のうち，企業結合に絞って言及する。これは企業結合が最も強

力な競争阻害行為となると思われるからである。

独占禁止法と企業結合

　独占禁止法で規定される企業結合とは，① 株式保有，役員兼任，合併などの「堅い結合」，② カルテルなどの緩い結合，③ 短期的「伝統的」提携が考えられている。③ 短期的提携は企業結合とは見なされないが，事業支配力は残る。①，② の企業結合は公正取引委員会で精査され，規制されるべきだが，③ のような提携の場合でも代替産業が限られた場合多くは交渉能力の偏重で規制の対象とはなるべきものである。現実には圧倒的な交渉力の違いにより，本来下請法等の規制の対象となるべきものだが，泣き寝入りの形で受け入れられるケースも多い。このような場合は実質的には独占または寡占状態による企業結合と同じ状態となっている。

寡占・独占と企業結合

　寡占または独占の産業では規模の経済性を進めるためにさらに企業結合は進んでいる。過度の寡占と独占は競争を阻害する傾向があるので独占禁止政策で規制されている。特に株式保有，合併などの資本関係の含む企業結合，カルテル等の緩い結合は制限されている。このように企業結合が独占・寡占産業で進むと本来の目的であった規模の経済性の追求に反して競争阻害要因が多く発生し産業として停滞する。利潤の少ない寡占状態が存在するのである。

独占禁止政策と戦略的提携（アライアンス）

　一方戦略的提携では構成メンバーがそれぞれ独立し，お互いの継続的な利潤を追求できるので独占禁止法の適用は受けず，産業の競争力は殺がれない。技術的制約を除けば自由な参入・退出が可能でアライアンス構成メンバーの利潤が継続的に保障されるべきものである。資本を伴わない緩い結合である「カルテル」も国内・国際的にも禁止措置を執行されているが，アライアンスの場合はその可能性はない。代替産業が限られた分野では競争促進政策上もアライアンスが最もふさわしい戦略となるのである。

4.2　国際的競争政策の流れ

　国際取引では独占的な代理店制度等競争促進に不公正な制度が多くのこされている。一方で不正な取引を制限するとして EU・米国を中心に最近は反トラスト法の実施等競争促進政策が講じられている。

EU における競争法執行状況

　欧州連合（EU）では域内の貿易障壁を撤廃し公正な市場競争を確保するという本来の趣旨から競争法の執行を強化している。欧州委員会は積極的にカルテルの取り締まり強化を実施している。カルテルの摘発件数は 2006 年以降増加しており，制裁金ガイドラインも 2006 年に改訂され課せられた制裁金も急増している。カルテル事件の制裁金は年々高額化しており日本の企業が制裁金を科されるケースも発生している。

　罰則規定だけではなく，企業結合規制も EU 委員会は合弁事業についても事実に基づく実証・経済分析を行ってその該当性を判断するようになっている。EC 企業結合規制の特質は合併・および支配権の取得に限定している点である。さらに合弁事業を結合的合弁事業とその他の合弁事業（協力的合弁事業）に明確化している。そしてこの結合的合弁事業か協力的合弁事業のどちらに分類されるかで手続きがかなり異なっている。結合的合弁事業と認定されれば効力停止規定により一定期間合弁事業を実施できないこともある。これはのちにのべる（競争法の）「域外適用」規定と同様に企業にとって配慮を要する規定である。この適用を逃れるため，締結した合弁事業契約を事後に届け出ることが出来，ここで効力の停止もない「協力的合弁事業」に分類されるべく動くのである。協力的合弁事業と認定されるには，① 実態基準が緩やか，② 有効期間つきであること，等が実証されることが必要とされる。

　しかしながら，戦略的提携ではいずれも資本関係も発生しないことから統合的合弁事業と認定されることはない。戦略的提携であれば独占禁止法の適用を受けることがないのはこれでも明らかである。

米国における競争法執行状況

　米国では従来からカルテルの摘発には非常に力を入れている。競争当局の中心の一つの司法省トラスト局によるカルテル摘発件数も法人に対する罰金額の水準も高額化している。

〈シャーマン法〉

　シャーマン法は取引を制限するカルテル，独占行為の禁止について定める。例えば，垂直的制限についてはシャーマン法第 1 条を適用しての企業分割以外に有効な救済策がないとする 1968 年のニール・レポートや 1962 年，1968 年のターナー論文に代表されるハーバード学派よりポズナー論文を代表とするシカゴ学派の古典的価格協定と強調行動に差異を認めず，カルテルが発見されたときに課される不利益が大きければカルテルがもたらす利益を打ち消せるという考え方からも罰則の甚大化を進められている。そしてこのカルテル規制の立場から合弁事業に対する規制基準を設けている。

〈クレイトン法〉

　競争を阻害する価格差別，不当な排他的条件付の取引の禁止や合併等企業統合の規制，三倍額損害賠償制度等について定める〈「効果理論」〉。クレイトン法ではその第 7 条で合弁事業の規制基準を設けており，また上記シャーマン法の規定基準を重用しているが，実態の合弁事業では協定（カルテル）よりも合併に近いことから主にこちらの合併規制で規制基準が適用されている。

〈域外適用〉

　自国外で行われた行為であっても，自国の競争法を適用する。これが「域外適用」である。国外で行われる行為に対する自国競争法の適用については，① 国内で行われる行為だけに適用できるという「属地主義」，② 一連の行為のうち主要な（一部の）行為が国内で行われる場合，一連の行為全体に適用できるという客観的属地主義，③ 国外で行われる行為が国内に実質的かつ予測可能な効果を持つ場合について適用可能とする「効果主義」に分類される。この域外適用の実践については下記 1. 2. 5 の各国競争法の執行に係る協力協定の

締結を待つことになる。

〈リニエンシー制度〉

　米国のリニエンシー制度は（アムネスティ・プログラム）では，司法省にカルテルの事実を申告したものが，一定の要件を満たす場合には当該企業の従業員も含め，刑事訴追の免除が受けられる。この刑事訴追の免除を受けられる者の数は最初の申告者である1社のみ。リニエンシー申請は，司法省の審査開始前後にもかかわらず可能であるが，リニエンシー付与の条件は，審査開始前の申請（パートA）と審査開始後の申請（パートB）とで若干の相違がある。

韓国における競争法執行状況

　韓国競争法執行当局である韓国公正取引委員会では1980年に競争法（「独占規制及び講師取引に関する法律」）が制定されており是正命令及び課徴金を課すことができ，違反した個人や法人に刑罰を科することもできる。韓国の競争法実施とその改定は大規模企業集団（財閥）による経済力集中化との寡占との戦いであった。韓国の競争政策リニエンシー制度については，課徴金はおおむね増加傾向で，カルテルに対する摘発が特に厳格である。

中国独占禁止法の施行と対応

　中国では2008年に包括的な独占禁止法が制定され，EU競争法をモデルに①独占協定，②市場支配的地位の濫用，③企業結合を規制に柱としつつ，中国独自のスタイルとして④行政権力の濫用も規制対象に加えたものとなっている。

各国競争法の執行にかかる協力協定

　競争政策は各国競争法によって規定され，その競争当局によって取り締まられるべきものである。しかしながら前節で取り上げたようにその域外適用が具体化しており，各国競争当局間協力が進展している。企業結合はそもそも，それ自体が競争を阻害するものではなかったはずである。しかしながら当事者にとって複数国が管轄権を有し，競争法上問題がある場合に相矛盾した排除措置

を受けることを回避するためにも競争当局間の協力はメリットがある。1991年に米国・EU，1995 年に米国・カナダに協力協定が結ばれた。その規定事項は ① 消極礼譲，② 積極礼譲，③ 通牒・協議，④ 執行協議がある。その後日本も 1999 年に日米，2003 年に EU，2005 年にカナダと協力協定を締結し，域外適用が議論されることになった。

　しかしながら域外適用の判例については「属地主義」とその修正，さらに「実質的効果説（効果主義）」が論議されており，それぞれの主義をとる各国競争当局の立場，さらに上記規定事項の中でも① 消極礼譲が行使された場合でも相手当局の国内的な事情のため適用を断念せざるを得ない状況も出ている。

5.　航空機産業の特徴

　航空機産業は以下の特徴で独占に非常に近い寡占状態に陥りやすい。本稿で取り上げる航空機産業は，特に断りのない限り，民間航空機部門を示すこととする。ちなみに防衛産業では寡占もしくは独占はもはや常態となっておりこれを是正するのは不可能である。
・膨大な開発費と部品点数
・技術革新の賜物
・防衛産業・宇宙産業との重複：
・寡占状態でしか経営が続けられない産業
・航空機産業への規制，特に日本の航空機産業：
・航空機産業の重要性と社会全体への影響度
　ここでは寡占状態を肯定するのではないが，独占へは進まず寡占状態での矛盾を最小限にする施策が求められる。

6.　航空機産業の戦略的提携と独占禁止法

　ここで航空機産業の戦略的提携についてボーイング・エアバスの 2 大メー

カー，日本の航空機産業，そしてその他の国々の航空機産業の戦略的提携について
おさらいする。寡占状態が続いてきたがこのことで新しい発展もあったこ
とを理解いただきたい。

6.1　ボーイングの戦略的提携

　ボーイングは 1980 年納入の B767 から日本・イタリアと共同生産を開始し
た。B767 では日本の分担率 14%，イタリア 14% で日本・イタリアからは開発
費負担で参加した。エアバス A300 の仏・独・英共同生産に対抗した形とは
なっているが，イタリア・日本をエアバス側へ付かせないため，ボーイング自
身の開発費を軽減するための要因も多いと思われる。この B767 ではイタリ
ア・日本とも下請けの域を出ていないが，この後日本が 21% を分担生産した
B777 を経て最新の B787 では日本の分担比率が 35% に高まっているばかりで
はなく主翼を三菱重工業が担当するなどその重要性は高まっている。また重要
度ばかりではなく日本の圧倒的シェアを誇る PAN 系炭素繊維素材を重用した
設計を提案し採用されるなど，もはやボーイング大型機生産には欠かせない
パートナーとなっている。

　ただ一方，B787 ではロシアにサプライヤーを広げたがこちらの納期遅延は
大きな問題となった。すべてのパートナーの一元管理か，各パートナーの自主
性を重んじたいわゆる「かんばん方式」の採用をこれ以上進めるのか，主幹企
業のガバナンス能力を試される問題も発生している。

6.2　エアバスの戦略的提携

　エアバスは元来 EU 域内の共同生産体組織から開始している。A300,
A320，A330 + A340 とフランスからドイツを中心に分担生産されてきたが
A380 まで一部の英を除いて仏・独の分担比率・重要度は大きく，遅れて参入
した西・蘭の分担比率は大きくなかった。一方，A300 しかなかった時代には
大して問題にならなかった補助金という名の各国政府からの補填が不当競争と
米国側で問題になり出した。英国 BAe はエアバスに正式参加したことには

なっていないがこれも補助金が英国政府から拒否されたことによる。一方後期参入のスペイン・オランダはなかなか重要部位に参加できず，かといって持参金代わりに政府補助金を申し出ることはできずEU域内生産にも限界が見えてきている。スペインの軽用はその独・仏・英の航空機産業企業の技術力・実績の差が大きいがオランダの場合はその主要企業であるフォッカー社の長い仏・英・独企業との競合関係が根強いと思われる。それだけフォッカー社は強力であった。これにA380ではロシア，A320では中国をパートナーに加えようとしているが，これには西・蘭の反発も必至である。蘭はロシアより技術力・実績ともに勝り，西は中国よりも遙かに実績がある。これでA350では50％以上をEU域外での生産を宣言している。ロシア・中国の無理な参加は消化不良による納期遅延などの問題をはらみ諸刃の刃となる可能性は高い。市場拡大というマーケティングの目標と生産ラインの拡大というガバナンスの徹底の同時解決が迫られる。

6.3　日本の航空機産業の戦略的提携

　日本は三菱重工業が70席級・90席級の2クラス・4タイプのMRJ生産を始めることになった。これはこれまで米ボーイングのよきパートナーとして，開発費を含めた経営資源を提供し，中・大型航空機の設計・生産の最前線に参加できてきたことに対しこれからは海外を含めた他社の経営資源を利活用する立場を目指すことになる。ここでは当然主幹企業としてのトータル・インテグレーション能力が求められ，また量産のためには世界的な耐空証明の取得という未踏の問題を抱えることになる。この戦略提携の構図と取り組みについては本書第5章で解説した。

6.4　その他の国の戦略的提携

　ブラジルではエンブラエルが主幹企業となり145という40席級のリジョナル・ジェットでスペイン・アメリカとリスク・シェアリング・パートナーとして生産を開始し70席級の170～175には日本から川崎重工業が参加した。川崎

重工業は 90 席級の 190〜195 には参加を表明していないが，日本から現地に工場まで作って参加しておりその戦略的提携の基礎はできあがったといえる。川崎重工業がアライアンス・パートナーから撤退すると今後のインテグレーターとしての新たなるパートナー探しにエンブラエルの今後の発展がかかわってくる。

　ロシアはソ連崩壊までは東側諸国を中心に市場を押さえ，米と並ぶ航空機産業国であったが，その後の統合・集積に混乱を来し，まだ往事の勢いにはほど遠い。むしろ民間航空機ではエアバス・ボーイングの下請け産業となる道を選びつつある様である。ソ連時代も各 10 および 20 あった設計局と工場（生産）が協働することはほとんどなく，ばらばらの状態であったので多くの技術者が離散した現在ではアライアンスをまとめるガバナンス能力にはほど遠いのが実情である。つまりインテグレーション能力が欠如している。これからインテグレーターとして再びアライアンスをリードしていくには大きなブランクを持ってしまった。ただし，軍用機は別である。軍用機ビジネスでは欧米と遜色ない技術力は保持している。民間旅客機のカテゴリーには如何にこの軍用機での実績と技術力をインテグレーターとして発揮していけるかにかかっている。

　カナダはカナダエアー，デハビランド・カナダ等を M&A でまとめ，米リアジェットも買収したボンバルディアが 70 席級では世界一，90 席級ではブラジル・エンブラエルに次ぐ生産実績・受注残を保有している。ただボンバルディア社はソ連時代のロシア航空産業各社（スホーイ，ミグ，ツポレフ等）に似たところがあり各社間の連携は悪く，また他社との提携も少ない。サプライヤーとしては日本からも三菱重工業（貨物室扉），住友精密（降着装置）等で参加している。これらのサプライヤーをいかにしてアライアンス・パートナーに育てられるかがボンバルディアの今後の大きな戦略の鍵となってくる。

まとめ

　航空機産業では戦略的提携が重要な競争戦略となっている。特に大型旅客機では戦略的提携で有力なパートナーを提携内につなぎとめておくことが航空機安定生産の必要条件となっている。今後航空機産業では新たなパートナー企業

が次々に現れることは考えにくい。

　それは半導体・電子機器のようにまた電気自動車（EV）のように新たな企業が工場等の生産設備を整備するだけで短期的に新規参入が可能な産業ではないからである。

　一方これまでみてきた戦略的提携では米，EU はもとより日本・中国他においてもその国の競争政策の根幹をなす独占禁止法にも反することはないことをみてきた。すなわち，M&A 等の資本を含む企業統合はなく，また各パートナーの継続的な寄与も認められており，参入・退出も保障されている。しかしながらすでに産業としては極度の寡占状態にあり，製品によっては独占の企業も少なくない。よって各国・地域においては価格統制等のコア・カルテルのみならず，産業内の調整も含めた厳しい反カルテル順守基準を守っていくことが重要である。そのためにも現状より少しでも参入者が増える様独占禁止政策に加えて，参入者へのインセンティブ確立していくことが重要である。

終わりに

　今まで戦略的提携のスタイルを航空機産業のアライアンス・リーダーたる主幹企業（メイン・コントラクター）の立場からみてきた。これまでに見たとおり航空機産業での戦略的提携ではパートナー企業の自由参入・退出および各パートナー企業の独立性は確保されており，参加し続ける限り継続的な利益は保証されている。よってこのことによりこの提携は独占禁止法に触れるものではなく，また各国の競争促進政策に反するものでもない。このことからも戦略的提携は航空機産業のような技術優位な産業ではもはや欠かすことのできない競争戦略である。

　一方で，航空機産業では寡占状態は進展しており，ティアー1 の一時下請け，さらにその次のサプライヤーレベルでは代替の効かないメーカー・部品メーカーがほとんどである。さらにこれ以上航空機産業が発展を続けるには新規参入企業を呼び込まなくてはならない。この一つの要因となるのが波及効果，特に技術波及効果ではないだろうか。航空機産業での厳しい基準は「空を飛ぶ，

命を運ぶ」という避けられない使命から生ずるものであり，いったんサプライヤーとして受け入れられたメーカーはその技術水準の高さを認定されたことになる。これには国際的ないくつかの基準が制定されており公平な判定基準と見なされる。この技術波及効果のアライアンスに対する影響については本書第3章に記述した。しかしながら航空機産業でのアライアンスが独占禁止政策に触れないものであることは寡占産業における提携の一つの例となることは間違いのないものである。しかしながらこれだけでは主幹企業の求心力が重要な技術優位産業では戦略的提携を円滑に運営していくためにも技術波及効果のような求心力は欠かせなくなってきている。

　独占禁止法だけの観点からみれば当時世界第三の規模であったマクダネル・ダグラスの商業航空機部門を第一のボーイングが統合するのは許されない。またサイズは異なるがボンバルディアの地位型機部門がエアバスに統合，ボーイングとエンブラエルが共同事業会社を設立するのも大いに疑惑がある。かといって競争力の落ちたボンバルディアを放置して中型機製造市場をエンブラエルに独占させるのはもっと拙い。これらの航空機製造メーカー（OEMと言い換えてもよい）のみならず上記のような下請け産業への圧力こそが競争促進政策に反するものであることは間違いない。

第 12 章

航空機産業と国の産業政策

国の経済政策の重要要件として扱われてきた産業政策に転機が訪れている。OECD およびクルーグマン（1994）ではかつての幼稚産業保護政策のような注力すべき重要産業を選択し継続的に成長させることはその産業の選択が困難で持続性を担保することの難しさから取るべき施策ではなくむしろ産業競争促進政策を勧めている。そこで航空機産業での各国の産業政策を概観し，さらに日本でこれまで行われた産業政策の経路を他産業で俯瞰し，最後に討論として産業政策としてのあるべき姿を探る。

1. 各国の産業政策

1.1 アメリカ

航空機産業の発祥及び発展の主役を担ってきたアメリカ合衆国では他国・他地域のような産業政策は認められない。しかしながらそういう地位につけたのは民間ではなく防衛産業の強大な影響があったことは否めない。ボーイングはもちろんマクダネル・ダグラスもロッキードも防衛産業が育んだ世界的大企業である。このような機体メーカーだけではなく，エンジンメーカーとしてのGE も P&W もその他部品メーカーも軍需産業で培った技術と開発力をつぎ込んで民間航空機部門でも絶大なボーイングをはじめとする巨大企業の市場支配力はゆるぎない。ただこのような独占企業でも B787 開発時の迷走のごとく，競争戦略の選択ミスを犯すと競合相手であるエアバスに牙城を奪われるばかりか場合によっては退場を迫られる可能性は残される。

1.2　EU

　EU ではエアバスという欧州を挙げての巨大企業の育成といういわば産業政策には大成功を収めたといえる。ただその一方でスウェーデン・SAAB の民間航空機撤退など，エアバス以外の企業には厳しい現実が迫っている。イタリアと英国以外のほとんどの航空機産業企業は撤退かエアバス傘下に入るかの選択を迫られている。英国は Bae が独自の経営戦略でエアバスとボーイングの両社にうまく巻き込まれずにいたが，ついに米国へ移り米国の企業となっている。結果的にはその後，英国の EU 離脱に巻き込まれないかもしれない。

1.3　ロシア

　ロシアの航空機産業はソ連の崩壊でまさにその産業政策もいったんは崩壊した。その後ロシアとして企業を統合集中して現在に至っている。ただし，この間に民間航空機部門は大幅に遅れた。ようやくイルクートが MC21 を 2016 年に初飛行，スホーイが SSJ100 を 2008 年に初飛行，2011 年から運用させている。MC21 は 150 から 210 席の中型機，SSJ は 60 席から 100 席のリージョナル機である。ロシア政府もソ連時代の国策企業として民間航空機を製造，東側諸国に買わせることはできなくなったので EASA（欧州航空の委員会）の型式証明は撮るなど西側諸国との国際協力を模索している。

1.4　カナダ

　カナダは米国の隣国で NAFTA の影響を受け国内の航空機産業は再編されてしまった。第 8 章で詳述したがカナダの航空機産業は今やボンバルディア 1 社に集約されボンバルィアの戦略に頼っている。すなわちカナダ政府の産業政策は国内の産業を再編しボンバルディアの集約したことでその役目を半分終えた。ボンバルディアがボーイング・エアバスの欧米二大勢力との「すみわけ」に表立って果たせていなかった。ところが最近ボンバルディアがエアバス傘下に入った。単に提携だけではなくボンバルディアの開発した機種をエアバスの

A200 シリーズと改名して販売する徹底ぶりである。これに対して，ボーイングの要請を受けたアメリカ・トランプ政権がエアバスに対し「ボンバルディアはカナダ政府の多額の補助金を受けている。ボンバルディアの生産したエアバス機の米国輸入に対し追加関税を課する」ことを「仮決定」したことが物議をかもしている。エアバスの言い分は「（補助金を受けたという）ボンバルディア機は米国には対抗する大きさの機種がないので関税の対象にならないというものである。カナダ政府はボンバルディアを補助金など表立って支援した確証はないが，国営企業であったカナディアをボンバルディアに託した経緯もあり不透明さはぬぐえない。ここはカナダ政府がどのように対応するかが今後の課題である。

1.5　ブラジル

　ブラジルの航空機産業については第 7 章に詳説するエンブラエルに集約されるがこの国の産業政策は国営から民営化によりさらに国際的提携による繁栄へとつながった。ブラジル政府の産業政策もエンブラエルの民営化でほぼ終了した。

　その後エアバスのボンバルディア提携に対するボーイングのエンブラエル提携にはブラジル政府としてブラジル有数の企業であるエンブラエル買収には異を唱えた。結果的にはボーイング・エンブラエルでエンブラエル製造機の共同販売会社を設立しその株の過半をボーイングが保有することで決着した。これはこれでブラジル政府の産業政策といえるかもしれない。

1.6　インドネシア

　インドネシアの航空機産業は第 10 章に詳述した IPTN（旧社名）に集約されるがこちらはブラジルとは逆に産業政策の破綻で企業が縮小されてしまった。産業政策はどうしても時の政権の意向に左右されるが，これほど顕著な例も珍しい。スハルト政権時代には旧 IPTN は国策企業として予算配分の最優先措置を受け，次々に新しい事業が興された。まだ航空機の機体がジュラルミ

ンなど金属製であった時代「コンポジット・プラント」として複合材を機体に
採用研究する事業部が創成されていた。結果は出せなかったが先進的な取り組
みには目を見晴らされた。当時のインドネシアでの最難関大学であったバンド
ン工科大学の有力就職先が旧 IPTN で同社はインドネシア理工系エリートの
メッカであった。それがスハルト政権の破綻で同社から多くが転出し，後の政
権からはスハルト時代の名残として冷遇されてしまった。新規開発はなく長い
下積み時代を続いた。その間にも民営化の試みも何度かなされたが国内外から
も投資家は現れず，ようやく 2014 年からのジョコ政権で見直しが始まった。
すなわちすでにスペイン CASA 社との共同生産から始まった CN235 に代わる
新機種 N219 の開発が始まった。2017 年には初飛行に成功している。通常初
飛行からの行程が難しいがこのサイズのプロペラ機は現在それほど競合もな
く，国内で CN235，N220 の置き換え需要から開始すれば達成不可能な事業で
はない。「航空機屋」の DNA を絶やさないことが重要である。

1.7　中国

　中国は現在かつてのソ連の様に国営企業を産業政策で勢いづかせようとして
いる。ここまでがかねてよりの航空機先進国の産業政策でいずれもかつてから
国営企業などとして航空機の生産を行って先達のあった国々の産業政策であ
る。ところが中国にはほとんどその芽もなかった。国営企業としていくつも企
業が創られ，操業を開始している。その多くは欧米企業との共同生産の形を
とって自国に技術を引き込もうとしているようである。エアバスもボーイング
もボンバルディアもエンブラエルも何らかの形で共同生産を始めている。ただ
例えばエアバスの場合も A320 ファミリーの生産分担を中国の合弁企業で始め
ているが実際には最終工程の組み立てと試験を中国で行いそれ以外は欧州で
行っている。最終工程を中国で行うことは外見的には重要な工程で「共同生
産」の大義名分が立つようにみえるが実際に重要なのはサプライチェーンの分
担生産分野でボーイングが B787 の分担生産で新たに加えたロシアのパート
ナーが遅延の足かせとなったことでも判明している。実際エアバスも重要な分
担生産はフランス・ドイツ・スペイン・オランダの古くからの航空機生産工場

で行っており，機種でも生産数の多い A320 を担当させているが重要工程には
エアバスからのエンジニアが多く配され，また同じ A320 でも古くからのモデ
ルを担当させている。A320 でも最新の A320-NEO などは欧州で完成させて
いる。さもなければアジア・中東などの重要顧客が受け入れないのは実状であ
る。中国は国営企業で COMAC C919 などを生産しているがいずれも中国国内
の航空会社からのみの受注でまだ引き渡しはなされておらず，アメリカ FAA
や欧州 EASA の耐空証明が取れるめどはない。

中国の産業政策は電器産業や自動車産業では国営企業と欧米企業などの合弁
を作らせ生産工程を学んだうえで独自生産を行ってきた。航空機産業では防衛
産業とのからみのありそうという戦略に欧米諸国はようやく気付いたようであ
る。今後の中国の航空機産業における産業政策は方針転換を余儀なくされる。

1.8 日本

日本の産業政策についてはすでに第 9 章で詳述している。

戦略的提携の経済学的考察は第 3 章 1. で詳説した。航空機産業の新型機プ
ロジェクトはその「合意された目的」といえる。そしてその新型機プロジェク
トが遂行されつづける限り，パートナー各社は「継続的な寄与」を行い，その
恩恵を受けるのである。戦略的提携の前提にはパートナーとして相手にその経
営資源を認められるいくつかの要素が必要とされる。またさらに戦略的提携に
は，a．潜在的なライバルを戦略的提携の内側に取り込むことでその脅威を効
果的に中和し，b．さらに戦略的提携をめざす企業にその参加による意味のあ
る効果を生み出す。結果経営資源や業界での地位，スキル，知識などを結びつ
けることにより提携を成功に導く。また，新しいスキルを学習することにより
それを内部化するためのよいきっかけとなる。伝統的パートナーシップや業務
提携からではあまり学ぶことができなくとも，この戦略的提携からは，提携を
通じては新たな価値を創造していくことを示している。企業の競争戦略として
単独の企業で内部経営資源を有効活用する以外にパートナー企業との戦略提携
の比重が大きくなっている。これらの目的を，出資を伴わず達成しようとする
のが戦略的提携である。伝統的提携では独占禁止法の適用を受けやすい。これ

に対し，戦略的提携では以下に示す通りこのリスクを回避できる。まず，出資を伴わない業務提携，ライセンス契約，供給契約の場合には購入先，すなわち提携先が複数存在すればその両者の提携契約が合意された場合にのみ提携契約を締結できる。ところがこの供給先が限定された産業ではすなわち進んだ寡占市場の産業では提携契約に独占的な支配力が発生し，一方的なダンピング要求等不正取引行為が生じかねない。寡占市場では出資の伴わない提携契約が通常では存在できない。これは継続的な提携契約を維持できないということに他ならない。サプライヤーは複数の納入先を確保できなければ購入先のダンピング的価格要求等の不正取引要求を受けざるを得ず，これは独占禁止法の適用となる。これを回避するにはサプライヤーは提携計画を解消せざるを得ない。または独占禁止状況に甘んじなければならなくなる。これでは長期的継続的な提携関係は存続しない。一方出資を伴うジョイント・ベンチャーや企業統合，買収はそのまま多国籍企業の外国企業からの独占禁止法の適用を受ける可能性は高い。特に提携先の国の産業が当該国の外国資本規制条例に該当する場合は顕著である。この点，戦略的提携では，まず出資を伴わないので多国籍企業の外国独占禁止法を適用されることはない。また，その提携関係もその戦略性への合意が条件であれば，不正取引行為は発生しにくい。これらの点から戦略的提携が航空機産業で重要な戦略になりつつあるのは自然といえる。

2. 他産業の産業政策：戦略的提携に絞って

2.1　自動車産業

　自動車産業を題材にした提携を踏まえた競争戦略は多く発表されている。
　日本の自動車産業の自動車メーカー（主管会社）と部品メーカーの関係では，自動車メーカーは各部品を平均約3社の部品メーカーから購入しており，また部品メーカーも平均3社の自動車メーカーに納入しており，いわば緩やかなネットワーク型のシステムとなっている。自動車メーカーは複数の部品メーカー間の競争を促すことにより，サプライヤーの設計品質，コスト，製造品質

を向上させている（藤本・武石　1994）。

　また新車向けの部品の設計開発で部品メーカーが分担する役割は，①開発は自動車メーカーが詳細設計までを含めてすべて行い，サプライヤーは与えられた設計図をもとに生産だけ行う。「貸与図法式」②基本的な仕様（性能，機能，外形寸法，重量，隣接する部品との接合仕様，コスト，耐久性など）は自動車メーカーが決定，提示し，それに基づいてサプライヤーが詳細設計を行う。「承認図方式」③仕様設定を含めた開発，そして生産もサプライヤーが行い，自動車メーカーはそれを購入するだけ。「市販品」ここでいう「ケイレツ」に含まれるのはほとんどが①か②である。ただし，そうではあっても日本の「ケイレツ」システムでは欧米のサプライヤーがより大きな役割を分担している（Clark and Fujimoto 1991）。開発のプロセスで目標として設定した個別部品のか価格を達成するために設計を見直す Value Engineering を積極局的に取りいれたのも日本の「ケイレツ」自動車メーカーであった（Nishiguchi 1994）。このようなこのいわゆる自動車産業の「ケイレツ」と呼ばれる一種の提携であるサプライヤーシステムは多くの例（武石 2000 他）で報告されている。いずれも安定した仕事量の確保，生産設備の拡充支援，特殊仕様の指定等で提携関係を深めている。この中でも特に「仕事量の確保」という元請からのわかりやすいインセンティブを取っているのが特徴である。すなわち，仕事量を増やさないと提携関係が危うくなる。規模の経済性を実践している産業である。生産台数が右肩上がりで上昇しつづけている産業でこそ受け入れられる提携関係である。一方で，日産のように系列の整理（解除）という策をとることにより，戦略としての提携が危うくなるケースもみられる。これは仕事の確保という規模の経済性を放棄したことに伴う提携の危うさを象徴しているのではないだろうか。この様なゆるいネットワーク型システムで強力な「ケイレツ」という提携を維持できるのは主管会社たる自動車メーカーの「仕事量の確保」という強力なインセンティブによるものである。

2.2　電機産業

　電機産業でも多くの系列化の戦略的提携が報告されている。この産業でも基

本は「仕事量の確保」が系列をつなぐことでは大きな違いはない。半導体を始めとしてサイクルが短い製品が多く，製造設備の更新が大きな課題となる。ここでも規模の経済性が働き，製造設備の更新には生産量の確保という条件が付きまとう。多くの企業の撤退と残された大手企業による寡占化が進み残留した企業には必然的に仕事量の増大という経済の経済が働いている。ここでは系列化のような強力な提携関係は確立されていないが，そのまま仕事量を確保できないと提携を解消されるという危うさは散見される。つまり，（安田 2006，図3参照）では電機産業は，

① 　同業界の企業が経営資源を交換して規模の経済効果を享受（第1象限）
② 　異なる業界が同種の経営資源を交換して規模の経済効果を狙う（第2象限）
③ 　異なる業界のパートナーと異種の経営資源を交換する（第3象限）
④ 　同じ業界にいるパートナーと異種の経営資源を交換する（第4象限）

ことでいずれも規模の経済性を追求していくことになるとしている（図2-1参照）。また電機産業では多くの場合一つの，またはいくつかの限られた製品についての提携に終わり，その分野での継続的に寄与しているとは言い難い。また，主管企業の立場も自動車ほども強く主導的な立場であるとは言い難い場合が多いように思われる。本来，戦略的提携では継続的にその分野での寄与を目指していたはずである。主管企業という言い方もなかなか電機産業では通用しにくい。単に「ブランド」と言ってしまった方が通りいいようである。主管企業（電機産業ではブランド）とソフトウェア－を含む主要部品メーカーが機種ごとに交替し，またさらには主導権さえも交替してしまうことが電機産業では不思議ではなくなっている。

　電機産業では急速な技術革新に伴いプレーヤーの盛衰が激しく，10年も提携関係が続くことはまれである。自動車産業以上にパートナーの入れ替わりが激しく，ケイレツ関係も育っていないのではないかと思われる。各企業にとっても生産ラインの変更・改廃は比較的簡単で提携の締結・解消に応じるのも容易である。このような産業ではなかなか戦略的な提携は育ちにくい。

2.3　造船業

　造船業でもゆるい系列化は進んでいる。日本のライバル，韓国造船業はドックなど生産設備の近代化・大規模化でコスト削減を図り日本を追い上げ，追い越して一気に世界の頂点まで上り詰めた。しかし，日本の造船業はその後も韓国の大手造船業に対抗できているのは系列下請けメーカーの存在があげられる。日本の造船業では鋼材から小さな部品までもほとんど日本製品でまかなえる構造となっている。価格の面で安価な中国製等に押される部品もあるがそれでも日本製で賄えない部品はほとんどない。一方韓国の造船業はいまだに日本からのエンジン等主要部品の輸入なくしては生産できない。ただ，それでも韓国はその規模の経済性を有効活用し，仕事量の確保は行っているので日本からの部品輸入が停止することはない。仕事量の確保という規模の経済性の応用で提携を維持している産業の代表例といえる。一方で日本国内の造船業では既に部品・下請けメーカーも寡占化が進んでいる。多くの部品・下請けメーカーは1ないし2社の造船所としか提携をしていないのが現状である。こちらは部品メーカー・下請けメーカーが度重なる不況の余波を受け撤退または破たんしてしまった企業が多く，残っている企業自体が限られているのも実情である。一時は日本の造船所も海外サプライヤーとの提携を図ったがその提携先の韓国・中国のおひざ元の造船業が伸びて，日本の造船所への供給が危うくなってきたのである。これ以上の部品・下請けメーカーの減少は日本の造船業の死活問題である。

　造船業は三菱重工業，川崎重工業，IHIなど一部では航空機産業と企業が重複している。ただ，三菱重工業を除いて川崎重工業もIHIも造船所は川崎造船，IHIマリンユナイテッド（IHIMU）と，メーカー本体とは別の造船会社にして経営の分離を試みている。これは造船業という同じ輸送機器ながら航空機産業等とはあまりに業務形態の異なる産業を同会社内に保有する不自然さを改善するためである。造船業は受注から納入まで時間がかかり，景気変動・為替変動の影響を受けやすいのである。造船業の提携は航空機よりもむしろ自動車の「ケイレツ」に近い関係といえる。ただ，自動車ほど主管会社の影響力は少なく，パートナー会社への保護・育成も厚くないのが実情である。エンジン

メーカーなど寡占状態の上にほとんど競争相手にいない企業もあるが，これら
は造船業自体の生産高が限られているために圧倒的な支配力は持てない。世界
最大の韓国現代重工業，日本の上位三菱重工業，今治造船なども絶対的支配力
はない。むしろどちらかといえばユーザーである大手海運会社の支配力が強い
傾向がある。日本の造船業は日本の海運会社に競争力があり，安定的である限
り縮小はすれども消滅はしないのが実情であろう。

2.4　国際分業

　自動車，電機以外にも半導体，通信等の多くの産業で積極的に戦略的提携が
競争戦略の重要な一つとして捉えられている。ただ，現状では半導体産業でも
見られるように大きな設備投資のリスクを回避するために戦略的提携をとる場
合が多いように見受けられる。また，やはり規模の経済性を背景の短期的な提
携が大部分を占める。半導体のように大きな設備投資が必要な場合，技術革新
が進んであるコンポーネントで圧倒的なシェアを持つ場合には提携をするが，
モデルチェンジが早く，永続的ではない場合が多い。つまり，価格競争力的ま
たは市場占有力的に強い企業には提携が持ち込まれるが，いったんモデルチェ
ンジ等でその製品に競争力がなくなると提携は解消されていくことが多い。そ
してそのサイクルが短い。このような場合には短期的な提携しかあり得ない。
国際的分業は多くの場合，このような形態をとる。
　また，工程別分業体制が台湾の電機産業等で垂直統合から進んでいることも
報告されている。ボーイングの分業体制を機種別にみてきた場合，引き渡しが
古い B737，B747 と B757 の場合，垂直統合生産体制で各部品メーカーはボー
イングの指示通り部品を生産，納入してきた。B767 から日本・イタリアとの
分担生産が始まり工程別分業体制が開始された。B737 の時点では設計にはほ
とんど分担生産パートナーは参加せず自動車産業等でいわれる「支給図面」方
式であった。ところが B777 から徐々にパートナー企業が設計に参加し，工程
別分業体制が高まった。B787 ではさらに一部パートナーからの提案を重視す
るようになり，「承認図」方式での工程別分業体制が高まった。ここで大きな
問題が起こり，機体全体強度の計算が不明確であったことなどから大規模な納

期遅延が３度も発生してしまった。自動車産業，特にトヨタの「かんばん方式」を取り入れた高度な工程別分業体制がボーイングの主管会社としてのトータル・インテグレーション能力との矛盾を起こしてしまったのではないかと思われる。航空機メーカー，すなわち主管会社としてのプレゼンスまでが問われている。今後，この工程別分業体制が航空機産業になじむのか，また垂直統合生産体制に戻すのか，または機種別に主管会社を変更するのかという課題を残している。

　同じ問題はエアバスでも起こっている。エアバスは A300 という当初の機種から工程別分担生産方式を独・仏で開始している。ただし，最終組み立てはほとんどが仏の工場であった。その後徐々に独での最終組み立てを開始した。最新鋭の A380 は再び仏の新工場で行っているが，一部 A320 は先にグループに参加した西や蘭ではなく，中国で最終組み立てを始めた。中国での最終組み立てはまだ年間 10 機とかで量的には軽微だが，最終組み立てには最終試験等も含まれ今後の分担生産方式に課題を残すこととなっている。

2.5　まとめ

　航空機産業と自動車産業，電機産業では根本的な産業的基盤が特に下記の３点で大きく異なっている。

1．部品点数の違い

　自動車の部品点数は約３万〜４万といわれる。これに対し航空機は 200 万〜3 百万で相当な開きがある。さらに航空機の部品は主管会社がメーカーを決定し，主要部品はその退役までほぼ変わらず，それにユーザーも従わざるを得ない。さらにその部品には主管会社よりその交換時期を細かく決められ，事故時の補償等を考えてユーザーはこれに従うのが常識とされている。よく「航空機は製造時と退役時にはその銘板以外は全部入れ変わっている」といわれる。例えばエンジンは同じ機種であれば異なる機体にも順次搭載される。これは機体の整備とエンジンの整備のサイクルが異なるためである。この様な厳密な規定がユーザーである航空会社には大きく課せられている。またこの様な厳格な規

定に基づく生産を行う部品メーカーの数は世界的にも限られており，これら部品メーカーを自動車産業での提携よりもさらに深くパートナーとして取り込むことが必要となっている。

2．生産台数の違い

　もう一つの自動車産業との大きな相違は生産台数の違いである。ベストセラーといわれる B737 で 100 から 900 まであわせて約 2,500 機がすでに製造された。この数字は自動車産業では小さすぎて何の意味も持たない。このことは自動車産業での大量生産・大量販売という基本理念と大きく異なるものである。実際，航空機産業の工場では自動車のように大量のロボットが使われることは少なく，自動化による効率化はさして重要な課題にはなっていない。すなわち自動化・省力化が自動車産業ほど必要不可欠ではないのである。

　防衛産業，宇宙機器産業では生産台数がさらに少ない。これでは規模の経済学は働きえない。一方で，航空機・防衛・宇宙機器いずれの産業でも最先端の技術革新は不可欠である。技術革新には莫大な開発費が必要となる。従いこれまでの戦略的提携の基礎となった規模の経済性は通用しない産業が存在する。

　また，航空機産業のように特殊な高度技術を持った企業をアライアンスのパートナーとして取り込むことを主目的にした提携は少ないように思える。航空機産業のパートナー企業は高度な技術力を持たねば参入ができないのである。その参入形態は 4-5 節事例研究に譲るが，参入可能かどうかは最終的には主管会社が決定する。そしてその選定は主管会社の命運を握るのである。

3．航空機産業の特長

　国際間の人員の移動および貨物の移動に航空機はもはや欠かせない交通手段となっており，その航空機を製造する航空機産業も国別の変遷を見れば盛衰等多くの変動はあるが，世界規模でみると不可欠の産業であることは間違いない。本節では航空機産業の特長を解説し次節以下論旨の展開の基礎としたい。航空機産業は第 2 次世界大戦までは軍事産業の一部としてとらえられてきたが，戦後は独自の発展を遂げてきた。多くの政府は航空機産業を国の産業政策の重点産業に位置づけて，保護あるいは育成を試みてきた。なお，本稿で取り

上げる航空機産業は，特に断りのない限り，民間航空機部門を示すこととする。

〈膨大な開発費〉

　本稿で取り上げる中型・大型旅客機は新型機の設計には膨大な開発費がかかる。これは以下でも述べる新技術の採用が航空機の販売前略の大きな条件となっていること，三次元CADなどの活用で実機を試作する回数は大幅に減ったがそれでも飛行安全基準をクリアするためには多くの実験が必要なこと，環境等最近の規制要素が高度化，複雑・多様化していることなどから開発に多くの時間と人員を割かれることが主因である。たとえば，現在最も多くの機数が就役しているボーイングB737クラスの開発費用は4,000億円から6,000億円といわれる。自動車ではトヨタ・カローラクラスで300億円といわれる。一方で生産台数がB737でせいぜい2,000〜3,000機であるのに対しトヨタカローラは2005年の時点で3,000万台を突破したとされ，モデルチェンジは行われているにせよ比較にはならない。よって，この膨大な開発費を軽減するために共同生産等の方策は避けられないのである。詳細は第5章で取り上げた。

〈技術革新の賜物〉

　航空機産業では新型機の開発には技術革新の成果が欠かせない。これはかねてからボーイング，マクダネル・ダグラス，ロッキード，エアバス間での激しい競争がおこなわれてきたからであるが，特にこれはボーイング・エアバスの2大メーカー間での寡占的競争状態になってからでも顕著である。ボーイングは戦後すぐからプロペラ機時代からの航空機メーカーであるが，エアバスは1960年代からの参入でボーイング機との差別化を顕著にするためにコンピューター制御を進めた。この時から新機種にはすべて革新的な技術が盛り込まれるようになった。この経緯は第5章に詳しい。そしてその革新的技術の体得がエアバス・ボーイングだけではなくそれぞれパートナー会社群にもひろく求められるようになっていった。この詳細は第6章等で取り上げたい。航空機産業はすぐれた技術誘導型産業である。

〈防衛産業・宇宙産業との重複〉

　航空機産業に属する企業は日本ばかりではなく，欧米でも（民間）航空機産業だけではなく防衛産業と宇宙産業にも参入している企業が多い。日本のボーイングとのパートナーである三菱重工業・川崎重工業・富士重工業・新明和・日本飛行機はもとよりエンジンでの有力メーカーである IHI も防衛産業・宇宙産業においても有力企業である。アメリカでもマクダネル・ダグラスやロッキード（現ロッキード・マーチン）は民間航空機部門からはすでに撤退したが，防衛産業ではいまだに巨大産業の一角を担っている。EU でもエアバスは民間航空機が主体だが，親会社の EADS（European Aeronautic Defense and Space Company N.V）はその名のとおり防衛・宇宙産業部門を併設している。防衛予算が限られている日本を除き，欧米では航空機産業は防衛産業との合算である程度の規模の経済性は見込まれている。

〈寡占状態の産業〉

　日本では機体5社，エンジン3社（いずれも大手）と呼ばれる通り，重複する三菱重工業と川崎重工業を合わせて計7社の航空機産業企業が現存するが，欧米各国では寡占が進んでいる。EU では各国1〜2社ずつに集約され，アメリカでも航空機産業ではボーイング1社，カナダのボンバルディア1社，防衛（軍需）・宇宙産業・部品メーカーを含めても大手7〜10社ほどに集約されている。これは図1-1 と図1-2 の通り，「M&A とグループ化が」進み，結果として極端に寡占の進んだ産業といえる。これだけの企業群で全世界の主な航空・防衛・宇宙産業の市場をカバーしているのだから規模の経済性を少なくとも欧米では享受できるように見える。しかしながら先に述べた莫大な開発費とそれに対する生産高の希少さで防衛等の国家予算を計算に入れない限り，単独では賄いきれないのが実情である。この必要性から特に航空機産業を中心に提携は中心命題となっている。しかしながらこのようにすでに寡占状態であるためにこれ以上の M&A，ジョイント・ベンチャー等資本を含んでの提携は独占禁止法との兼ね合いで難しい，また防衛産業さらに宇宙産業としても密接に重複しているので防衛上，安全保障上からも M&A，ジョイント・ベンチャー等の資本を含んでの提携は難しい。

〈航空機産業への規制，特に日本の航空機産業〉

　日本の航空機産業は戦後 7 年間航空機の研究開発は禁止された。この間欧米では現在の航空機産業のプレイヤーであるおもな企業の基礎は築かれた。日本の航空機産業はこの間のブランクの間に自動車・電機等他の産業に人材と技術を拡散しこのことによる自動車産業等の発展を呼んだが，その後の再開には産業政策としての育成政策が必要であった。このことは第 6 章で詳述するが，その自主開発・自主生産機である YS11 後の新規開発が途絶えたことが航空機産業の苦闘を招いた。その後，ボーイングとの提携で命脈をつないだが，このように産業政策は航空機産業に大きな影響を与えた。しかし，既述したとおり本稿で産業政策を中心命題と据えることはしない。一方，第 7 章で取り上げるインドネシア IPTN 社は政府の産業政策で勃興し，同じく衰退をしたことは間違いがない。

〈航空機産業の重要性と社会全体への影響度〉

　そして最後に言うまでもないことだが，航空機産業の社会に与える影響力の大きさをあげておきたい。すなわち，長距離の貨客の輸送手段として航空機はもはや欠くことのできない存在になっている。航空機の高速化，快適化，さらに環境への配慮は社会に与える大きさは計り知れない。これが第 3 章で共通点が多いことを詳説する宇宙産業・防衛産業との違いである。宇宙ロケットの速度が上がっても，戦闘機の能力が上がっても，その社会全体に与える影響力は航空機の技術革新に比べることはできない。

　また，輸送手段として陸上の自動車・鉄道，海上の船舶と並ぶ重要不可欠手段となっていることは否定の余地はない。輸送はまた経済活動の最重要要素の一つとして社会全体への影響は計り知れない。

まとめ

　本章では航空機産業で産業政策がどのようにかかわってきたかを各国の航空機産業への経済政策，次に日本で各産業への経済政策のかかわりを見てきた。

日本では現在航空機産業の裾野産業としての部品産業の育成に注力が注がれているように感じられる。膨大な開発費，成功への不透明さを考えると失敗しても大きな影響の出ないと思われる裾野産業の育成に傾注するのは理解できる。

　ここで航空機産業の特徴に振り返ってみると，非常に特異な偏った産業ではあるが，その高度な技術革新力は無視できず，また交通手段としてますます必要性・普遍性は高まることから航空機産業をモデルとして捉えることは革新性に富み，他産業への豊富な応用例も多いことから十分に有意義であると考える。

　また，戦略的提携という観点からみると航空機産業の提携は永続的な提携を指向するという特徴がある。すなわちボーイングであれば例えばB767という機種の後部胴外板と貨物扉はマイナーチェンジがあっても担当部位メーカーは三菱重工業で基本的には変更しないという分担生産方式をとる。通常この機種は30-40年生産を続けるのでこの間パートナーは変わらない。いったんパートナーとして受け入れられると継続的な寄与が求められるのである。この意味でも，戦略的な提携関係の研究対象としては決して機会主義的ではなく，永続的な提携を指向する典型的な重要産業政策の一つといえる。そしてこのような提携は決して航空機産業に限定されるものではなく，採用されるべき産業は広く存在するのではないかと考える。一つの例としてはサービス産業としての発展が期待される宇宙産業である。ハードの産業として宇宙産業を捉えると打ち上げ費用や開発費の大きさにボトルネックが存在するがサービス産業として捉えると一気に市場が広がるものと思われる。またゲーム産業などもそうではないだろうか。

　航空機産業は各国が産業政策として振興を図っている産業である。カナダやブラジルの様に破綻した国営企業を民営化して再興を図った国々もある。逆に民間企業を国営化して国の基幹産業に育てようとしたインドネシアのような国もある。後者は成功しなかったが前者とて民間企業としての競争力を失うと破綻に陥る。日本では航空機産業を基幹産業として取り上げ各地にクラスターを作り上げ裾野から立ち上げようとしていつきらいがある。地理的に空間が狭まっている現在においてこの産業政策が成果を収めるかに時間は待たない。

第 13 章

航空機産業と環境経営

　環境対策と省エネを前面にアピールした新型航空機の開発でボーイング
B787 に大幅に遅れを取ったエアバスは A350 の試作に向けてマーケティング
を進めている。B787 をさらに進めた環境対策を訴えながら，初めて EU 域外
での生産を大幅に進めることも宣言し，今後大きな課題を抱えている。

　一方で EU の航空会社では英国 BA をはじめ，環境経営への盛んな取り組み
を見せている。BA（英国，ブリティシュ・エアウェイズ）は 2009 年 1 月に
「2050 年までに二酸化炭素排出量を半減する」ことを宣言した。これはクリー
ン燃料等石油代替エネルギーを使った燃料への取り組みとともに CO_2 排出量
の少ない航空機のさらなる導入を盛り込んだものとされている。この試みには
BA 以外にもヴァージンアトランティック，SAS，JAL，コンチネンタル等の
航空会社もそれぞれのカーボンオフセット・プログラムを持って同調してい
る。この環境経営路線には効率的な航空路の開発，CO_2 排出量取引への取り組
みも上がっているが，クリーンな航空機の導入を避けては通れない。

　地元の BA に促された格好のエアバスはこの BA をはじめとする EU エアラ
インの期待に答えられるだけの仕様を新型機 A350 に持たせられるだろうか。
一方で中国を念頭に置いた域外生産のハードルをどのように乗り越えるのかも
注目されている。

　社運をかけた航空会社の環境経営宣言と航空機産業の技術革新への挑戦は同
じ目標を持っているように見受けられるが，航空会社の上部団体である
IATA，国連の一機関である ICAO (International Civil Aviation Organization,
国際民間航空機構) の動きを踏まえながら航空機関連産業の戦略経営動向を探
る。

　環境政策は経済的効率と逆行するとして経済学では比較的研究が進まなかっ

たきらいがあるが，これまでの CSR からの観点，環境税など政府枠組みへの配慮以外に企業自体の競争戦略に組み入れようとする動きが EU エアラインに出てきた。これを担う大きな原動力に，環境対策を中心に据えた A350 を開発中のエアバスの動きを連携させてとらえてみたい。

1. 環境経営の論点

環境政策は効率の悪化を招くという観点ことから産業界からは敬遠され，経済学では比較的研究が遅れた。公共経済学からは外部不経済から社会的厚生をただすピグー税等を理論的根拠として環境税を採用する国家は増えている。漸く産業界も「持続可能な発展」を目指すことになって社会的責任（CSR）を社是とする企業は増えている。これはステークホルダーとして株主の支持を受け企業価値を上げることが主眼の様である。一方環境対策または持続可能型産業に属する企業の目標だけではなく，一般産業でも省エネや CO_2 削減を企業の競争戦略として取り入れられる例は出てきた。ここでこの環境対応能力を技術力として効率的に評価できればライバル企業との差別化など競争力増強になるのである。

2. EU の環境政策への取り組み

2.1　EU の環境経営産業別先行研究

前提：京都議定書には国際航空と国際海運から排出される GHG（温室効果ガス）をインベントリとして報告するのではなく，Memo Item の一つとして報告されることになっている。これは京都議定書付属国 I（先進国）では国際航空の場合は「国際民間航空機関（ICAO）」，国際海運は「国際海事機関」を通じて活動をし，航空機用船舶用の温室効果ガスの排出の抑制または削減を追求する。ICAO には各国航空当局，航空会社だけではなく，ボーイング，ロー

ルス・ロイス，GE などの航空機メーカーも参加している。

2.2　ICAO の環境対策提言

　上記前提により，航空機・航空産業の環境政策は ICAO が各国政府にアドバイスまたはガイドラインを提示する役割を担っている。

　そして，ICAO は 2007 年にその環境政策提言で，
① 環境保護原則
② 航空機騒音規定
③ 航空機エンジン排出ガス規定
を行っている。

　これを受けてさらに最新の航空機 CO_2 排出測定標準システムを 2012 年に発表している。これによると航空機の
A) 航路及び燃料消費効率
B) 航空機サイズ
C) 航空機重量
による CO_2 削減政策の手順を示し，これまでより突っ込んだ形での環境政策を各国政府に求めている。当初各国航空当局・航空・航空機産業の思惑に動かされ，国際航空の GHG 削減への方策提言をはっきり打ち出せなかった ICAO も後述する EC の欧州排出量取引制度への参加という積極的な姿勢に促された格好となっている（図 13-1 参照）。

3.　EC 航空産業と環境政策

　EC では航空部門に 2005 年から開始した排出権取引制度（EU-ETS）を取り入れることを提案している。国際航空を CO_2 削減の付帯項目（Memo Item）から主項目への格上げを図っていると思われる。航空は GHG の大きな発生源なので欧州排出量取引に参加させることが GHG の全体としての排出力削減に有効だし，欧州排出量取引市場の活性化にもつながると考えている模様で

図 13-1　ICAO's total emission, key GHG performance indication and
emissions by source

	Key figures
Total emissions	5,460.4t Co2eq
Emissions per staff member	7.7t CO2eq
Air Travel per staff member	3.1t CO2
Office –related emissions per m2	70kg CO2eq
Figure 1: ICAO's total emission, Key GHG performance indications and emissions, by source	

Source	Emissions
Electricity	38％
Air Travel	41％
Building related fuel combustion	11％
Refrigerants	8％
Road and rail travel	2％

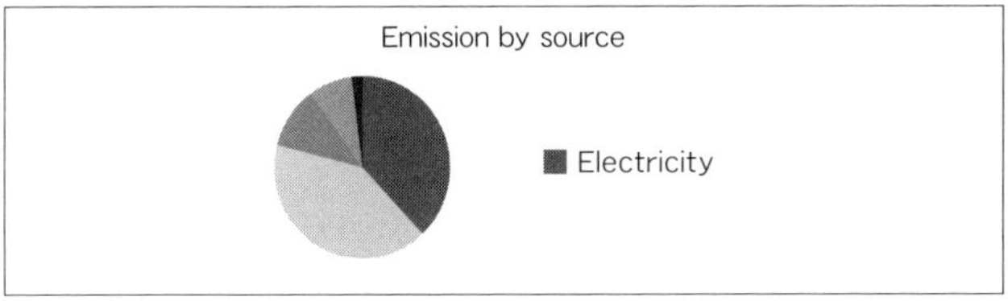

Emission by source

■ Electricity

注：航空（Air Travel）の GHG 排出量が大きいことが明白。
出所：ICAO Environment Report 2010 を参考に筆者が作成。

ある。

3.1　国際航空排出量取引

　Voluntary Emission trading（VET）は航空会社が自ら仕組みを設定し，政
府がその企業に対しさまざまな補助を与える制度設計である。英国 UK VET
は 2002 年 4 月にスタートし ICAO が国際航空の推奨した「排出量取引による
経済的手法（MBM）」による世界最初の排出量取引である。参加企業は政府
と「Climate Change Agreement」を結び定められた目標を達成した企業は
「Climate Change Levy（事業使用のエネルギーへの課税）」の 80％を受けられ
る制度である。このほかに ICAO と政府が制度設計をくみ上げる IET

(Integrated Emission Trading) も存在する。

3.2　途上国航空産業への配慮

　京都議定書では気候変動対策のための GHG 削減目標を先進国だけを対象にしている。ただ，航空産業の場合，先進国たとえばアジアでは唯一の日本と，その他発展途上国に分類されているシンガポールの航空会社の場合使用している航空機・エンジン・燃料もほとんど同じものであるが，日本の航空会社には GHG 削減目標が設定され，シンガポールのシンガポールエアラインには適用されない。航空産業としてはグローバルな競争環境にさらされているにもかかわらず環境経営の出発点となる気候変動対策の枠組みでは異なった出発点を設けられている。また EC は当初 CO_2 排出量の多い航空機の EU への発着を禁止する由を宣言していたがこれも途上国航空産業への配慮で延期している。ヨーロッパの先進性にはついていけない国々も出ている。

その他の産業：自動車産業の環境経営

　自動車産業などではハイブリット車や電気自動車（EV）の興隆は環境経営を自社の強みに積極的に取り入れた結果である。ただ，これらの製品開発は生産者である自動車メーカーには競争力向上となったが，ここで開発費用の負担問題でハイブリット機構や燃料電池，低 NO_x 排出ガスのディーゼル・エンジンなどで開発資本力の差が大きく分かれた。また，これに伴う戦略的な提携が相次ぎ，結果として競争に寡占化が進んだ様相となった。電気自動車がさらに一般化して新規参入が増えれば競争は高まるがこれには少々時間がかかりそうである。また，ユーザーである消費者・利用者にはどうであろうか。政府の補助金に頼った自動車工業会主導のマーケティングであることは否めない。

4.　航空機産業の特徴と環境規制

　国際間の人員の移動および貨物の移動に航空機はもはや欠かせない交通手段

となっており，その航空機を製造する航空機産業も国別の変遷を見れば盛衰等多くの変動はあるが，世界規模でみると不可欠の産業であることは間違いない。航空機産業の特徴を概説すると，

A）膨大な開発費による技術革新の賜物

B）防衛産業・宇宙産業との重複

C）極度の寡占状態の産業

D）航空機産業への規制，特に日本の航空機産業

E）航空機産業の重要性と社会全体への影響度

F）厳しい品質基準と高い参入障壁

G）アフターマーケット・ビジネスの存在

H）航空機ファイナンスと技術協力

などがあげられる。これらの意味から非常に特異な偏った産業ではあるが，その高度な技術革新力は無視できず，また交通手段としてますます必要性・普遍性は高まることから航空機産業をモデルとして捉えることは革新性に富み，他産業への豊富な応用例も多いことから十分に有意義であると考える。戦略的提携という観点からみると航空機産業の提携は永続的な提携を指向するという特徴がある。環境経営に関してはこれらの特徴の中で⑤と⑥に深く関与するが，特にエンジンの排出ガス規制と騒音に対する世界的な規定作成が進んでいる。これは特に国際民間航空機構（ICAO）が中心になって取り組んでいる。

5．エアバスの環境経営

エアバスは環境対策モデルとしてA350の開発を進めた。これは立ち遅れたB787への対抗策としてさまざまな特長を出そうとしている。

A350の開発

A350の開発はボーイングの環境対策モデルB787が爆発的に受注したのを受けて本格開発を開始している。この間約10年のギャップを取り戻すためこの機種から始まる様々な試みを発表している。

開発の問題点

〈軽量化と耐久性〉

　エアバスは A350 の開発にあたって炭素繊維等非金属材料を採用することにより軽量化を図った。また軽量化と同時に発生する耐久性についてはボーイングの B787 開発途上での試行錯誤を念頭に強度の落とせない軽量化を基本姿勢としている。さらに軽量化ではエアバス自身も A380 での大きな試行錯誤という難題を背負った。

〈水平分業メーカーとの提携〉

　これまで域内での垂直分業生産体制を維持してきたエアバスが水平分業生産体制をとりいれようとしている。航空機産業の水平分業には各パートナー間の平均した技術力という大きな課題残されている。現在のエアバスの中心メーカーであるフランス・エアバス，ドイツ・エアバスが軽量化という大きなミッションを背負った A350 の生産中心組織となるのか，スペイン他が中心となれるのか，フランスかドイツ中心では域外を含めた平均的な分業体制に大きな偏りが生まれる。B787 の生産過程で問題になったのは新素材採用による設計変更とその中心メーカーの設備変更という課題であった。これは重大な問題にはならなかったがエアバスの最新現行機種 A380 でも同様である。

〈域外生産〉

　エアバスはさらに A350 では 2010 年代中にその生産を 50％以上 EU 域外で行うことを宣言している。これはロシア・中国での生産を念頭にしたものと思われた。このうちロシアでの生産はかつての航空大国ロシアの潜在的能力から推計して不可能な数字ではないがボーイングの B787 生産時の分担生産工場化問題から考えると必ずしも楽観できない。次に中国だが A320 の組み立て工程の一部をすでに開始している。これはすでに生産計画に乗っている A320 なら可能だが，新機種の最終工程はかなり実現性が低い。また中型機生産を独自生産からエアバスとの合弁に切り替えた中国の開発力はロシアよりも相当の疑問符がつく。最終的に可能性が高いのは 2015 年から稼働する USA 工場での生産である。これは航空機先進国でもある USA の航空機産業先進地域である「アラバマ州での A320 という既存機種の生産」と，非常に不確実性は低い選択となった。が，これでは結果的に「EU 域外ではなく（さらに航空産業先進の）

USA 生産になる」だけのことである。またロシア・中国等の新しい地域での
生産には遅れが生じる可能性が高い。域外パートナー選択の難しさを物語る。

〈B787 のキャッチ・アップ〉

　A350 の最大のミッションは B787 のキャッチ・アップである。すでに実績
がありこれまでにいくつもの困難を克服してきたボーイングに対し，これから
新たな，しかし確実に予想される多くの課題を抱えながら，どのように立ち向
かうのか。EU の度重なる金融危機はさらなる逆風になるのか。

6. EU エアラインの環境経営

英国航空（BA）の挑戦

　ブリティシュ・エアウェイズ（英国，BA）は 2009 年 1 月に「2050 年まで
に二酸化炭素排出量を半減する」ことを宣言した。これはクリーン燃料等石油
代替エネルギーを使った燃料への取り組みとともに CO_2 排出量の少ない航空
機のさらなる導入を盛り込んだものとされている。

　さらに，2002 年に英国でスタートした UK VET は世界最初の排出量取引市
場だが，BA はいち早くこれに参加，英国政府と Climate Change Levy を結ん
だ。CO_2 排出量に対しその対価を UK VET で支払い，GHG 削減に積極的な企
業として一種の SCR をアピールしているわけである。これは当初莫大な（数
十億円と言われる）費用負担にはなるが，GHG 削減に成功すればそれは企業
としての削減努力を企業の競争力として転化し自らも恩恵を受けるという戦略
である。その一つの大きな方策が環境対策された低燃費・低排出ガスの A350
の導入になるのかというわけである。

その他エアラインの環境経営

　バージン・アトランティック（VA）は BA と同じく UK VET に参加し英
国政府と Climate Change Levy を結んだほか，バイオ燃料を一部使用した実
験機の飛行を世界で初めて成功した。このバイオ燃料の採用はコスト面からの
削減になるのか，またそもそも本当に環境対策に貢献するかは議論の余地があ

るが，英国政府の環境政策にのっとった企業戦略であることは間違いない。

　日本の JAL も日本政府の基準である JVET に基づいた施策導入を発表している。

考察

　環境経営は CSR の象徴として企業価値を高める意味で推進して企業は多かった。環境税などの追加コストを軽減する目的でつまり合理的目的で省エネ・GHG 排出削減を目標の一つとする企業も多い。一方で，省エネ・GHG 排出削減を達成することで競合他社に差別化を図り企業の競争力を図れる企業も出てきた。かつては十分な利益を下られる企業のみが環境経営を考慮してきた。すなわち一つの節税政策として環境経営を考えてきた企業は多かったが，むしろ前向きに環境経営を企業の成長戦略としての競争戦略に挙げて積極的に検討する企業が出てきた。

仮説1　環境経営は経営戦略の一つとしてとらえられる。

　地球温暖化は深刻な問題であり，その解決にはいくら費用がかかってもやむを得ないという意見をよく耳にする。この問題の重要性を強調するためにはこのような主張をするのはよいとして，同じ量の排出削減をするのに文字通り費用の大きさを気にしないというのであれば，それは気候変動枠組条約の原則である「持続可能な発展」に反することになる（西條 2006）。

　航空業界と航空機産業はその例として燃料の削減，排出ガスの削減を航空機の軽量化で見直せる産業である。ただし，これには既に認知された新素材の積極的採用とその加工技術を持ったメーカーの技術革新力，それをまとめる主幹企業の企画力・リーダーシップが欠かせない。BA は大きな前倒し投資を積極的に打ち出すことによって企業価値を高める戦略を採用した。エアバスは新たなアライアンスを念頭に置きながら環境対策を売り物にした新型機を開発しようとしている。この BA をはじめとする航空産業の戦略とエアバスをはじめとする航空機産業の戦略は同じ地球温暖化対策として航空産業・航空機産業の統

一戦略として目標に掲げられる。

　次に CSR と競争戦略の在り方について考察してみる。

仮説 2　CSR を企業の競争戦略に換えることができる。

　同じくかつては十分な利益をあげている企業が企業イメージを上げるために行ってきた感のある企業の社会的責任（Corporate Social Responsibility, CSR）についてもこれを企業の成長戦略の一つとしてとらえる企業が増えてきている。CSR をマイナスのイメージでとらえるのではなく，成長戦略としての競争戦略として CSR をとらえることができる企業が表れている。競争力を実行させるルールに対する制約として，規制当局，法律，社会的環境，ビジネス・エシックスによってもたらされる。このようなゲームの「ルール」は参加者の共進化（納得化，筆者注）や複雑な相互作用の結果故，企業家・経営者はその不確実さゆえに将来の経路を推測し，すばやい行動が必要となる（Teece 2007）。規制当局もその規制の目的は企業価値を低めることになるのではない。参加者として一般市民を大きくとらえたときに環境経営の求めるところの一見規制になる法律も策定してゆかねばならない。これに対し，迅速に対応してこの規制を受け入れることで企業価値を高めることが経営者に求められているのである。

競争的寡占産業

　ここでこれまで議論してきた環境経営と CSR についての基盤条件として完全競争状態の産業ではなく寡占であるけれども競争状態は保っている産業ということを指摘したい。競争状態を保つということの条件として新規参入の可能性が残されていることが条件となっている（Williamson 1986, 他）。Stigler によると寡占企業は共謀により彼らの利潤を最大化しようとする（Stigler 1964, 他）のでこれを監視する問題を言及している。寡占状態が常態化する条件は開発費用の増大，寡占状態企業の共謀以外にも新規参入の困難さが挙げられる。

　航空機産業を例に挙げると独占産業ではないかもしれないが，寡占状態であることは間違いない。ただし，寡占状態も競争がないわけではなく激しい競争の結果寡占均衡状態を常に動的に続けている状態ではないだろうか。これは大

型機のボーイング・エアバスだけではなく中型機にもボンバルディア・エンブ
ラエル＋1の状態になりつつある。このカテゴリーでも寡占均衡状態が近づい
ている。ここへMRJ他新規参入が可能なのだろうか。MRJに限らず新規参入
が困難になると競争状態が削がれるので既存企業の共謀が進むのかもしれな
い。こうなるとここまで議論してきた競争戦略の基盤が崩れてしまいかねな
い。

結論

　EUエアライン特にBAの環境経営政策の成否はエアバスA350の開発成功
が一つの鍵である。今回はボーイングB787が既に生産が軌道に乗ってしま
い，先のA380の時のように新分野を目指すのではない。いわばEUと中東の
多大なる期待を受けての開発スタートである。ここでA380の時やボーイング
のB787の時の様な遅延を招くと重大な危機となりかねない。

　BAをはじめとする航空産業とエアバスをはじめとする航空機産業は環境経
営を見据えてCSRを企業の競争戦略の中心に据えようとしている。ただこれ
には完全競争はむしろ必要ないが，寡占であっても競争状態は維持できていな
ければならない。この大きな条件は新規参入の可能性である。航空産業では
LLCの新規企業参入等でまったく問題は感じられない。かえって厳しすぎる
競争が環境経営やCSRへの阻害要素になりかねないほどである。

　大型航空機産業ではボーイング・エアバスによる偏った寡占からの脱却は難
しい。ただエアバスの域外展開は新規パートナーの拡大として評価はできる。
ただ域外展開がロシアや中国ではないアメリカとなるとその効果は限定され
る。寡占状態は続いているがなぜか独占にはならないのがこの産業の特徴だ
が，今回もエアバスはマーケットに残れるのだろうか。

　寡占均衡型産業のモデルも大型機だけではなく中型機でも同様の様相となっ
てきた。カナダ・ボンバルディアとブラジル・エンブラエルで寡占状態が続く
と共謀の可能性は低いが新規参入への道は厳しい。三菱MRJ他が参入できる
かが一つの大きな試金石となる。

第 14 章

中型航空機製造の経営戦略

　筆者は 2007 年 10 月に日本の新型民間航空機開発戦略について上梓したが，その後三菱重工は MRJ を開発，本田技研はホンダ・ジェットを開発した。ただ両機とも 2017 年 4 月の時点で試作機の段階で既に受注している機数をこなすには量産体制をとらなければならない。エンジンを除いてほぼ本田技研単独生産のホンダ・ジェットはともかく三菱航空機 MRJ は量産体制を整えるには単独の生産体制ではありえない。2007 年に筆者が提案した共同生産体制はいずれも現実化はしなかったが新たな共同生産体制がとられようとしている。航空機，特に中型機以上はもはや一社による単独生産は困難になっており，エアバスの様な多国籍企業，またはボーイング B767〜B787 の様な共同生産体制を確立することが急務となっている。この共同生産体制のための競争戦略の問題点を探り，これを解決するための方策を提案するのが本章の目的である。

1. 航空機産業における戦略的提携

　航空機産業の巨大な世界的リーダーであるボーイングとエアバスでは従来から開発生産において異なった形態での戦略的提携が行われてきた。ボーイングは古くからの民間企業として日本の航空機産業企業，イタリアの航空機産業企業と分担を分けて共同設計・生産を行ってきた。いわば，これらの国々の航空機産業を下請けとして傘下におさめてきたのである。エアバスはフランス・ドイツ・スペインの政府が出資して各国の主要航空機産業企業が参加して形成されている。ここでは主管会社は「エアバス」だが，フランス・ドイツ・スペイン・イギリス政府主導の合体が端緒である。このような航空機産業でかつての

独自開発から戦略的提携を伴う共同設計・共同生産が一般的になってきた。それは下記のような理由があげられる。

- ●かさむ開発費
- ●寡占に伴うブランド化
- ●販売数の限定
- ●先端技術の採用
- ●ファイナンス

戦略的提携とは,

1. 複数の企業が独立したままの状態で合意された目的を追求するために結びつく
2. パートナー企業がその成果を分け合いかつその運営に関してコントロールを行うこと
3. パートナー企業がその重要な戦略的分野において継続的な寄与を行うこと

つする。

　今世界で一番航行されている旅客機ボーイング B737 の開発費で 2,500 億円以上といわれる。これをもはやボーイングとはいえ, 1 社で負担することは不可能となっている。そこでボーイングは B767 以来日本・イタリアと国際共同開発を続け, リスク・シェアリング・パートナーとして参加してくる企業に開発費を分担させ「持参金付きの戦略的提携」を行っている。エアバスも EU 参加国からの補助金というこれも「持参金つきの戦略的提携」を続けてきたが, ボーイング等からの批判を受け, EADS を設立, エアバスの株式会社化・財務状態の公開をすることになり, 新たな戦略的提携を模索せざるを得なくなっている。

　航空機産業界は 120 席以上の中・大型機でマクダネル・ダグラスのボーイングへの統合を機に, エアバス・ボーイングのほぼ 2 強時代に突入している。すなわちこのサイズではボーイングかエアバスしか選択の余地が無い。さらにその下の 70 席から 90 席クラスでもほぼカナダ・ボンバルディアとブラジル・エンブラエールの 2 社が先行しており, かつてこの分野に強かったオランダ・フォッカー社は経営不振を経て今はエアバスの傘下に入っている。

表 14-1　民間大型航空機のサイズ別累計納入実績（2004 年 12 月末まで）

席数	ボーイング機種	通産機数 (納入ベース)	エアバス機種	通産機数 (納入ベース)	備考
100〜200	B737・B717	4,991	A320 シリーズ	2,018	B717 は 137
200〜350	B767	925	A300・A310	792	
300〜400	B777	499	A330・A340	618	
400〜700	B747	1,353	A380	0	

出所：(財)日本航空宇宙工業会「平成 17 年度版　世界の航空宇宙工業」より抜粋。
注：これらの下のクラスがボンバルディア・エンブラエールの 70 席から 90 席クラスである。B767 の後継機が B787，A300/A310 の後継機が A350。

　航空機は自動車と比べて販売数が桁違いに少ない。表 14-1 の通り世界で圧倒的に販売数の多いボーイング B737 でも累計 5,000 機程度でそれも初飛行から 40 年近くたっている。この販売数で先の莫大な開発費を取り戻すのは至難の業である。エアバス新超大型機 A380 は開発費 1 兆円を超すといわれるが，これを取り戻すには最低 150 機を販売せねばならないといわれた。

1.1　YS11 後の航空機産業の生き残り戦略

　日本の航空機産業は YS11 の独自開発・生産を行い，このためにその主管会社として「日本航空機製造」を設立した。この会社は実に 1970 年のエアバス・インダストリー設立より 18 年も先行し，独自の航空機開発でも A300 より約 10 年も先行していた。日本の企業のみの連合で従業員もほとんどが三菱重工業他大手航空機製造会社からの出向者で占められ，本社の意向から脱却できず，また準国営企業という形態から競争力に欠ける嫌いもあった。これにより YS11 プロジェクトは年々赤字が蓄積した。YS11 の失敗の原因探索は別稿[44] に譲るが，その後は YX・YXX など新規独自設計の航空機を模索しながら最終的にはボーイングからの誘いに応じて B767 の共同生産に参加する。これは独自開発とは言えるものではなく，持参金と言われて批判された「のれん代」は解消されたが，開発費は自己負担でリスク・シェアリング・パートナーとして設計から参加した。これは下請け契約とさほど変わりない従属的なものであったが，独自開発を断念した当時はボーイングという世界トップ企業と一緒

に航空機を生産できるという多くの果実があったと考える。

1.2　ボーイングとの共同生産

　アメリカボーイング社は B767・B777・B787 と日本の主要航空機メーカーをリスク・シェアリング・パートナーとして参加させてきたボーイングが新型機でも最も有力な共同開発の候補であった。さらに世界トップのメーカーとしてのブランド力も万全，パートナーとして最有力であるとは間違いなかった。ただこのままボーイングの下で共同生産を続けていくことでは更なる発展は期待できない。またボーイング自体もエアバスとの厳しい競争にさらされその影響がパートナー企業に色濃く影響している。またこの間ブラジルのエンブラエルは独自の力で開発から生産まで主幹企業として挑戦してきた。ボーイング・エアバスとは全面的に競合しないリージョナルジェット（Regional jet, RJ）というジャンルに注力しての戦略だが今や両巨大メーカーに次ぐ第 3 位の位置を確保している。同様にボーイングとは共同生産は続けながら独自の開発・生産を開始しているのが三菱航空機 MRJ である。

1.3　その他の共同生産

　アメリカのボーイング以外との提携はライバル企業が存在するカナダ・ブラジルを含めて EU もエアバスのネットワークが形成されており不可能に近い。しかしながら今後の量産体制を考えると一国だけで量産体制を維持するのは不可能に近い。それら以外に提携できる企業の存在する国を検討するとまず韓国，そして最近航空機産業誘致に力を入れているメキシコが考えられる。これらの国では韓国では民間航空機産業を一本化してボーイングやロールスロイスにアプローチし，メキシコでは国を挙げて誘致政策を取りカナダからボンバルディアやフランスからサフランを誘致している。これらの国々での誘致策と実施例・実行計画は別稿に譲るがここでは航空産業（エアライン）の拡大が著しいインドとタイを特に取り上げてみたい。

インド

　インドでは航空自由化が決定され，低コストの航空輸送会社（いわゆる LCC）が急激に発展している。約 10 社の LCC が名乗りを上げ実際に航空機を導入してその運航を開始している。その結果インドからは EU のエアバス，アメリカのボーイングに大量の航空機が発注された。インドの現在のモディ政権はこのインドからの航空機大量発注に際し，大手航空機メーカーであるボーイングとエアバスに「バーターとしてインド製品（航空機部品）」の購入を求めている。国内政策では大胆な航空機産業への参入奨励を行っている。これに応じてインドでは重工業だけではなく IoT 企業も多数航空機産業への参入を進めている。これらの企業になかには既に欧米の一流部品産業とエンジニアリング契約を結び，実際にこれら欧米企業とパートナーとなっている企業がある。

(ア)　AQQUS：(http://www.aequs.com/)

　インドのバンガロールを本拠とする AEQUS グループは IoT や電子機器産業で成功した民間企業だがベルギーの航空機産業部品企業と資本提携し航空機産業に参入した。この会社はバンガロール郊外に広大な工場を建設中で既にアルミニウム・合成樹脂素材でエアバスの有力サプライヤーとして認められている。さらにこの新工場で航空機部品の制作を行い，エアバスの有望 Tier-1（一次下請）メーカーとして認められている。

(イ)　CYIENT：(http://www.cyient.com/ja/)

　同じくインドのムンバイとバンガロールを本拠とする CYIENT 社は元々 IoT のエンジニアリングで急拡大し社名を変え，航空機産業にも参入した。今ではアメリカ有数の航空エンジンメーカーである Pratt ＆ Whitney（P&W）と提携し同社の有力パートナーとして活動している。P&W にとっては新製品の開発，性能分析等種々エンジニアリング業務に欠かせない存在となっていて米国の本社内にも多くの社員を派遣している。日本のエンジンメーカー IHI も P&W との関係で提携を始めており今後同社との関係はますます強くなることが予想されている。

(ウ)　L&T：(http://www.larsentoubro.com/)

　元々チェンナイの建設業から発展した同社は数年前から航空機産業にも参入，英仏の大手航空部品メーカーである THALES 社の有力パートナーとなっている。日本では航空機産業ではないが，大手自動車部品メーカーのエンジニアリング部門としての地位を築いている。

　これらの企業以外にもインドには多数の他産業からの企業が航空機産業に参入している。多くの企業は IoT 産業からの参入者と元々航空機産業に従事していた企業の IoT 産業企業との合弁が中心である。中には上記企業群とそん色ない企業がいくつもあり，また国営企業ヒンドスタン航空機製造 (Hindustan Aeronautics Limited –HAL) や大手コングロマリッド TATA の系列会社なども参入を検討しており，今後大きな動きが生じるものと思われる。

タイ

　タイもエアアジアを中心に航空会社が増加し航空機産業の充実が望まれている。既に自動車産業では多くの企業が部品産業として日本をはじめ欧米メーカーの系列下で業務を拡大している。タイ政府はその産業政策として自動車産業以外の産業の発展を奨励している。その中に食品・医療機器と並んで航空機産業を挙げている。前述インドと同じくタイも LCC の業域拡大で航空機の数が急増し，エアバス・ボーイングも現地部品産業の拡大を模索している。この中には日系・中華系などの部品産業が操業を開始している。

(エ)　ナブテスコ (https://www.nabtesco.com/)

　ナブテスコは日本ではボーイングの Tier-1 も担っている大手部品メーカーである。主な製品は油圧圧縮機などである。同社は自動車産業の東南アジア展開に伴いタイでも 2 工場で生産を開始している。現在までは主力は自動車用で航空機用部品はまだ「片手間」のように工場の一部で生産されているが，既にタイでボーイングから受注を開始しており，今後海外での業容拡大の余地はある。

(オ)　ミネベアミツミ（http://www.minebeamitsumi.com/）

　ミネベアミツミはベアリングを中心とする機械部品を生産するメーカーだが航空機部品の生産も行っており，タイに生産拠点を持つ。ミネベアは自動車用部品が中心だが，海外展開に積極的でアジアを中心に 1960 年代から海外に工場を設立している。タイは自動車産業の興隆で 1980 年から生産工場を操業している。その後競争の激しい自動車産業で培われた技術力を活用して比較的コスト競争よりも製品の品質を重視する航空機産業にも積極的に参入，タイでも生産を開始している。また同社は周辺産業の誘致にも積極的で一つの生産クラスターを形成しつつある。ボーイングと共同生産を始めたころの日本大手重工業並みのサプライチェーン網をタイで構築しつつある。

(カ)　台湾系航空機部品産業

　台湾の航空機産業は防衛産業から参入し当初は台湾というよりも「中華民国」の防衛のための欧米戦闘機などのライセンス生産から開始し，今は民間航空機の部品産業に注力している。典型的な例は AIDC（漢翔航空工業）で民間航空機の構造部品やビジネスジェットの主翼，ヘリコプターのコックピットなども生産している。2009 年には三菱航空機と MRJ プロジェクトに参加する契約を締結，さらに将来の増産と航空機の増加からの交換用部品の需要増を見越して台湾からタイへ生産拠点を増加させている。

　これらインド・タイにはパートナーとすべき部品産業が十分に育ってきている。このことは日本企業を主管会社としてこれらアジアの国の企業とパートナーシップを結びサプライチェーンを築く土台は整っている。

2.　差別化戦略と技術革新

　現在，日本の航空機産業では中型旅客機で三菱航空機の MRJ，ビジネスジェット機でホンダ・ジェットが量産に向けて格闘している。いずれも既に2〜3 社以上の量産実績を持つ企業が存在しておりそれらは既に世界的にも生産・販売網を持っている。これら新規参入企業は新しい新技術を持った製品を

開発することはもちろん効果的だが「量産化」という視点から見れば秀逸な
パートナー群によるサプライチェーンを築くことが最も有効な戦略ではないか
と考える。

2.1　新しい差別化戦略への模索

　機体の大きさ，すなわち座席数による品揃えと技術革新による差別化戦略だ
けではなく新しい差別化戦略を探る。航空機を航空会社（エアライン）が選ぶ
基準について，今や中型以上（100 席以上）の航空機メーカーは事実上米ボー
イングと EU エアバスに絞られてしまい，120 席なら B737 か A320 のどちら
か，300 席なら B767（B787）か，A300（A350）とどちらかとなってしまって
いる。さらに両社が新しい技術革新を導入しても即座に他者にも取り入れられ
もはや大きな差別化を生むのは難しくなっている。エアバスは B747 を上回る
超大型機の A380 を開発，生産しているが，ユーザーの嗜好の変化（ハブアン
ドスポークからポイントツゥポイントへの変化），空港設備の変更の必要性，
生産の遅れ，等から伸び悩んでいる。また環境問題への配慮も懸念されてい
る。ここでは筆者は技術革新を伴う差別化の発想の転換で「高速化」という考
え方を提示した。しかし現在までに高速，すなわち亜音速ジェット機は日の目
を見ていない。さらに地球温暖化に対する対策の強化で「亜音速ジェット」を
再生するよりも強力なサプライチェーンの構築が現実化してきた。また生産の
中でも最終工程に位置する組み立て工程，この工程が最も付加価値を生み，差
別化の最大得点源と思われるが，この工程に自動化の要請が高まっている。

2.2　サプライチェーンの構築

　B767 以後の大型機はともかく，B737 クラスまでの中型機はこれまで一工場
でほぼ一貫生産されてきた。これは外部に秀逸な Tier-1 パートナー企業が存
在しなかったのが現実であったが昨今前章でも見た通りインド・タイにも秀逸
な部品産業が勃興している。この秀逸なパートナー企業群との強固なサプライ
チェーンを構築することは差別化への大きなポイントなる。これは自動車産業

でも証明されている。タイ・インドでも見た通り大きな市場が先進国から新興国へ移っているのが現実である。これら新興国では完成した航空機を購入して使用するだけの時代とは変わりつつある。これは航空機産業が自動車産業の発展から学んだ事実である。このことにより市場により近い場所に生産現場を移すことによって優位性を持つことができるということに他ならない。またこのことにより市場の国から協力を得られるという可能性を生んだ。

2.3　組み立て工程自動化の要請

　航空機の最終組み立てには以前は「自動化」「無人化」という発想は少なかったと言える。これは航空機の生産機数が大きくなく例えば1週間で1機完成させておればよかったが航空機の需要が増え，大量生産をしなければならなくなってきた以上，生産工程の中でも最終組み立て工程では自動化の必要性が出てきた。この自動化の要請は人件費を下げるためだけではなく，正確さを求め，過失をなくすことから発生している。

航空機組み立て工程自動化への流れ

　自動車産業に比べて航空機製造は生産台数が少なく自動化は進んでいなかった。ところがソ連邦の崩壊，マクダネル・ダグラスの民間旅客機製造からの撤退に伴い，世界の大型旅客機はボーイングとエアバスの両巨大メーカーの寡占状態となった。その後，中国の発展，全世界でのLCCの普及などで世界的に航空機の需要が拡大しかつてのように納期が発注後2年・3年などは許されなくなった。エアバス・ボーイングと相次いで大型工場の設立，生産機数の拡大を図らねばならなくなりそこでボーイングなどがトヨタなど日本の自動車産業の生産工程を見習うようになった。その中でボーイングなどが積極的に取り上げる様になったので生産工程の自動化戦略である。

ボーイング・エアバス最終組み立て工場の自動化

　ボーイングB787型機の納期が大幅に遅れたことからその後非常に真剣に最終組み立て工程の自動化を採用している。B787の最終工場もさることながら

将来の新型機 B777X も新工場を設立し，そこには自動化設備を積極的に採用している。自動化には機体の内部工程の自動化，分割された機体の合体工程の自動化，さらに内装工事の自動化があげられる。またエアバスも新型の A350 はほぼ当初から自動化の進んだ工場設計をしており量産化の始まった時から自動化は進んだ生産を行っている。そしてエアバスも新機種 A320-NEO は当初から自動化の徹底された工場での生産を前提に受注もすすめられている。

その他の航空機産業の自動化採用

　　上記最大手に 2 社に続き，ブラジルのエンブラエルも新しい機種を中心に組み立て工程の自動化を採用している。かつてこれらの機種では組み立て工程はあまり自動化を採用していなかった。これは自動車などに比べて生産機数が少なく時間をかけてでもまた人手をかけてでも生産して十分採算があった。ところが生産機数が増えまた顧客が納期遅延を嫌がるようになったおかげで人手と時間をかけていねいな手作りを考える余裕はなくなった。さらに自動化も AI・ロボットなどの自動化の担い手である機器の信用度が高まり，大型の投資をしても十分採算にあう様になってきたことも大きい。

自動化採用の目的

　　自動化採用の目的は当初は人件費削減を狙った省力化が主な理由であったが，徐々に納期の安定化を主眼とした生産工程の信頼性を図ることに主眼が移ってきた。生産機数が少なかったこともあるがかつては精密機械工作が中心でいわば「匠の力」に頼った傾向があった。AI やロボットの進化で一人の有能な工作員よりも統制のとれたロボットによる生産が有力化した。また工具の能力も少子高齢化で製造業における後継者不足もこの自動化に拍車をかけた。以前は航空機の納期は「遅れて当然」の風潮があったが今や膨大な違約金を払う余裕がなくなってきた。今後航空機産業にはさらに工程に自動化が進む可能性が高く，すでにいくつかの工場では自動化が進められている。ここでの自動化の主目的は省力化による人件費の削減よりも工程の安定化による納期等社会的な信用力の向上を主眼にしている。機体規模毎に 2〜3 社しか存在しない寡占状態の産業ながら競争原理は働き差別化を図っている努力を怠らない産業に

なりつつあるものと思われる。

3. 新型航空機開発の戦略

　これまでのようにボーイングの開発生産計画に合わせてボーイングの言う通り自らの生産計画を立てていてはボーイングの戦略を完全にはつかめない。ボーイングはボーイングでエアバスとの競合や自らの世界戦略，さらに大きな航空会社を含む航空産業全体の動きに沿って，そのパートナーを活用してきた。ここに戦略的提携の限界がある。ボーイングと三菱重工業では情報の非対称性が明らかに存在する。ボーイングがどのように世界の航空業界を見ているかはどうしても三菱重工業ではうかがい知れない。これを打破するにはボーイングと同じ位置に立たねばならなくなった。世界を見てもエンブラエルは当初ボーイングとエアバスの様子をみながら中型ジェット旅客機の分野に参入してきたが，今やその発展した分野としてのレジョナル・ジェット分野ではトップメーカーに躍り出た。三菱重工がボーイングの庇護で「優秀なパートナー企業」と称賛されている間に倒産寸前のブラジル国営企業から世界第3位の航空機メーカーに脱皮した。これは自らの新型航空機開発の賜物である。しかも同社に先行していたカナダのボンバルディアには直接の競合を避ける中・大型機（すなわち120席から200席程度）への軌道修正をさせている。
　YS11の開発・生産停止以来，日本では民間旅客機の独自開発は頓挫を続けている。さらにYS11で国策会社として航空機の「主管会社」として設立された日本航空機製造株式会社（日航製—NAMCO）も1982年に解散し，その後はYX計画・YXX計画の方針転換とともにボーイングとの共同開発・生産に従事していった。
　しかしながら主管会社としての独自開発のメリットは次節に譲るが，とりわけ主管会社自身によるマーケティングにともなう顧客との接点のあるのとリスク・シェアリング・パートナーとはいえマーケティングを握れない，すなわち顧客との直接のパイプを持たない下請けではその情報の収集力に大いなる差がある。情報の非対称性が存在する。これでは販売数の増加により仕事量を確保

されても当事者間の交渉において優位性を保てない。

3.1　アフター・マーケット・ビジネスへの参入

　航空機の自主開発・生産を始めるにあたり航空機・エンジンの開発とは別に PMA（Parts Manufacturer's Approval）部品の製造・供給事業，補修部品の供給事業，MRO（Maintenance, Repair and Overhaul）事業等いわゆるアフター・マーケット・ビジネスへの参入も莫大な開発費を回収するためにも重要な目標となる。またこれにはいわゆる機体及び部品メーカー以外の企業体，例えば航空会社のメンテナンス部門等の参加も見込められる。エアバス・EADSのおかげで Lufthansa の関連会社である Lufthansa Teknik が MRO ビジネスで積極的に活躍しているのはその顕著な例である。また，日本に MRO またはPMA の有力企業が存在することはファイナンスの面でも航空会社とリース契約などで末永く付き合っていかねばならないリース会社等金融機関に新規参入を促すことになることは間違いない。この動きは各国で始まっている。エアバスはタイに MRO を設立する旨を発表した。これはエアバスの大量導入国であるタイに部品産業を芽生えさせることが目的である。エアバスのサプライチェーンを拡充させることが今後のゴールだが，まずは MRO を築いてエアバス機のアフターサービス網を築くことがさしあたっての目標である。三菱航空機は海外 2 社・日本国内 1 社との MRO 契約を結ぶ。これによってアフター・マーケットも育成するのが狙いである。国内でも ANA グループである MRO Japan との提携を決めている。ANA は MRJ のローンチ・カスタマーで機材納入後のサービス体制を築こうとする動きである。

3.2　独自の設計・開発クラスターの形成

　MRO を設立することによりその周りに部品メーカーのクラスターが育つ。そのクラスターをさらに新規設計・生産のクラスターに育てるのがこれからの航空機メーカー主幹企業の役割である。1960 年代にボーイングが日本の重工業群を指導して共同生産のクラスターに育て上げた過程を学ばねばならない。

これから航空機の生産は寡占状態から脱することはないのではないかと思う。大型機メーカーはボーイングとエアバス以外には今後しばらくは現れそうにないし，中型機（いわゆるヘジョナル・ジェット機）もエンブラエルとボンバルディア寡占から MRJ が参入する前にボンバルディアが一つ上のクラス（100席以上のナローボディー機）へ移ろうとする動きである。寡占状態が続くと開発費が増大し，新規参入が難しくなることから共同生産と納期安定化のための工程の自動化がこれからのテーマである。そして共同生産の成功はそのまま強固な設計・生産クラスターの形成に言い換えられる。独自のアライアンス形成は三菱航空機が徐々に進めている。国内のクラスターは国・都道府県の航空機部品クラスターがいくつも形成されている。これらの国内クラスターはまだ大きな成果を上げているところは少なく今後自動車産業の「ケイレツ」のような強固な提携関係を築くには

3.3　組み立て工程自動化の進展

　ホンダ・ジェットのような小型機はまだ共同生産クラスターの形成は試みていない。しかしいずれホンダもこの道はたどるものと思われる。共同生産の前に進められているのが生産工程の自動化である。ホンダ・ジェットやガルフストリーム，または戦闘機（F35 等）にも生産，特に組み立て工程の自動化は進められている。航空機は生産機数が限られていることから工程の自動化は進まずいわば手作業の工場が多かった。航空機産業の手作業工場は一見熟練工による精密機械作業の賜物のように思えるが，不可避な設計変更に伴う納期遅延の大きな原因になってきた。熟練工を多数そろえて手作業で進めるのが「高級精密加工品」の典型と思われた航空機の生産ではなくなってきたのである。航空機も日常品に近くなり，自動化で設計変更に伴う工程の見直し，生産規模の拡大・縮小への柔軟な対応は自動化に頼らざるを得ないのである。この点組み立て加工工程の自動化についてホンダ・ジェットは工場が米国にあるからか進んでいる。自動化を推進するのは米国のエンジニアリング企業が中心となっている。そのため導入が容易であったものと想定される。

終わりに　独自開発の新しいアライアインス：
主管会社としての問題点と解決策

　独自開発には前章の様に企業の内部技術革新及び外部関係性構築が必要だがそれ以外にも以下のような外部関係及び政府など関係団体の協力が必要な障壁と克服されるべき課題が残されている。

今後克服されるべき課題
〈航空会社との接点〉

　大型航空機の設計・製造においてはパートナー・メーカーはボーイングとリスク・シェアリング・パートナー契約を結び，B767，B777及び新規にB787までプロジェクト参加しているが，エンド・ユーザーである各エアライン等との接点はほとんど持てない。B777でも日本からは全日空・日本航空がユーザー代表として設計から参加しているが，すべてボーイングに管理され，日本メーカーが直接ユーザーとの接点を持つことはない。接点が無ければ，自らの部品または部位がどのようにユーザーに受け入れられ，ユーザーがどのように改善を望んでいるのか知るようなフィード・バックも無い。マイナス点はクレームが直接入ってこないばかりではない。補給部品もボーイングが決定する価格でボーイングに納めるだけで，他産業では顕著な消耗品での利潤がほとんどボーイングに吸い上げられてしまう。この点を是正するためにも主管会社として新型機を全機インテグレーションする価値がある。

〈システムインテグレーション〉

　航空機を完成するには設計段階でも全機システム・システム・インテグレーションと部品サプライ，部位担当では大きな差がある。如何に優れた部品を製作していようが，航空機の中で如何に使われ，どのような問題があり，改善の必要があるのか実際に知ることは企業にとって大きなノウハウとなる。これを汎用の民間旅客機で体験できるのと，YS11以来製作機数の少ない軍用機しかないのとでは航空機産業全体の発展に大きな影響が出る。今，現在では主管会

社にとって優秀なかけがいのない部品メーカーは日本に存在するが，優秀な航空機メーカー（主幹会社）は存在せず，その点ではエンブラエルを抱えるブラジルにも大きく後れを取っている。

航空機滞空証明

　航空機は新型機を開発するといちいちその開発国での耐空証明を取得しなければならない。日本であれば国土交通省航空局（JCAB）の耐空証明である。そして米市場を想定するならアメリカの連邦航空局（FAA）の耐空証明も取得せねばならない。ヨーロッパなら EU 共同航空当局（JAA）の証明が必要となる。すなわち日本の JACB だけでは輸出ができないのである。ただこのような場合生産国の航空当局はこの世界的な航空管理システムへの「ガイド役」を担うべき存在である。実際アメリカ FAA・EU/JAA はこの役を担っている。ところがとても日本政府の JCAB はこれを担えない。YS11 以降航空機を生産していないのであるから致し方ないが，今後は MRJ 及びホンダ・ジェットと日本製（少なくとも主幹メーカーが日本企業）が生産されるようになるとそうはいかなくなってくる。ホンダ・ジェットに問題があれば「日本製はどうも」と言われるのは明らかである。日本政府としても今後改善を図っていかなければならない。

第 15 章

航空機産業の周辺産業

　航空機産業の周辺産業には特徴的な産業がいくつか見受けられる。一つは本書でもすでにいくつか取り上げた航空機の製造にかかわる下請け産業である。これには小さな部品を作る製造業から航空機エンジンに代表される主要部品を製造する，中には航空機メーカーよりも希望の大きな企業も存在する。大型航空機エンジンの 3 大メーカーである，GE，P&W，（以上米国）と R&R（英国）である。この 3 大メーカー以外にも企業グループが結合した企業が多数存在する。もう一つ取り上げると航空機リースに代表される「航空機ファイナンス」産業と航空機の運航に関わる航空機整備事業（MRO）がある。いずれも航空機産業の育成・成長には欠かせないいわば「周辺産業」である。

1. 航空機ファイナンス

　航空機ファイナンス産業ではその中心に航空機リース業がある。航空機リースにはファイナンスリースとオペレーション・リースがあり，ファイナンスリースは要するに割賦販売である。航空機ユーザー（航空会社など）が購入した機体を金融会社に売り戻しそこから毎月への返済額を決めてリースバックする，というリースである。オペレーションは場合によっては短期（半年から 3 年程度）で実施されることもあり，割高にはなるが一年のうちで繁忙期がある航空会社には都合の良いリースである。例えば回教国であるインドネシアにはメッカ巡礼の季節がある。この季節には多数の回教徒がメッカへ向けて旅行する。多くは恵まれない人々なので高価な飛行機代・宿泊代は賄えないが回教徒にはご時世度があり，初巡礼者には多くの人からの寄付が期待できる。よって

大量の回教が一気にインドネシア国内からサウジアラビアへの旅行客が増える。普段はずっと少ないので毎年この時期だけ何機かの大型機が必要になるのである。これを普段から保管しておくことができないのでこの時期のガルーダ航空の運航担当者の仕事はオペレーション・リース機を探すことにある。ガルーダ保有の機種であればガルーダの乗員で賄うことができるが違う機種の場合乗員や場合によって保守店作業も含めた「ウェット・リース」を契約することになる。これに対して純粋な期待だけのリースを「ドライ・リース」と呼ぶ。毎年この航空機の手配をうまくこなすことがガルーダ航空運航担当者の責務で年々これをこなしていったものが運航の幹部となっていく。ウェット・リースは最近自動車のリースでも使われるようになってきたが航空業界では以前から一般的であった。リースを行う事業体はかつて日本の商社が中心であったが最近は金融機関，オリックスなどのリース会社も手掛けるようになってきた。リースを受ける航空会社等（レッシー lessee）は減価償却費の申告方法などで各国の税制を研究したうえでリースを決めるか判断しなければならない。しかしながら今後世界会計基準が各国企業で採用されレッシーである航空会社もグローバル企業化しつつあるので特殊な国による会計基準の違いを過度に考慮する必要は少なくなりつつある。航空機リースを中心とした航空機ファイナンスは今後金融機関にとっても大きなビジネスチャンスとなっていくことは間違いない。

2.　航空機整備事業，MRO

　米国サウスウェスト航空の成功から全世界に LCC と呼ばれるいわゆる格安航空会社が急増した。アジアでもマレーシアが基盤のエアアジアが東南アジア全体に拡大し，かつての各国フラッグキャリアーと呼ばれた国を代表する航空会社を凌駕している。エアアジアの母国であるマレーシアが好例でかつてのフラッグキャリアー・マレーシア航空は完全にエアアジアに後れを取っている。

　この LCC がすべて今後安定的に経営を継続していける保証は全くないが，その試金石が上記航空機ファイナンスとの協働と航空機の整備である。LCC

ではない通常の航空会社は基本的には自社で航空機の整備を行ってきた。LCC
とはいえ自社航空機の整備を怠れないのは同じである。前節ウェット・リース
の中には中・長期の整備を請負，整備専門会社等に実施させる内容の契約もあ
る。このような場合もリース会社は自前の整備工場を持たない会社が多く，上
記余力のある航空会社に航空機の整備を委託することになる。通常の航空会社
にとっても自前の整備設備・人員を抱えることが LCC などとの競争で厳しく
なり，他社の航空機の受託も難しくなってきた。そこで注目されるのが自社で
は航空機を持たず他社の航空機の整備だけを扱う整備専門会社が登場した。こ
れを MRO（Maintenance Repair Organization）という。当初は航空機の多い
アメリカなどに倒産した航空会社の整備設備などを使って整備事業を行う会社
ができたが，その後徐々に勢力地図が固まってきた。日本では ANA が自社の
大阪空港整備設備を独立させ，MRO Japan として設立，2019 年から事業を沖
縄那覇空港に移し，整備専門会社を独立させる。MRO 事業はボーイング・エ
アバスから整備事業者の認定を受けなければ活動できず先進国の事業であった
が中進国でも整備能力は上がり徐々に人件費の安い国でしか採算が取れない事
業になりつつある。

　MRO 事業はまだまだ航空機生産以上に「自動化」の恩恵を享受しておらず，
広大な設備（格納庫の大きさ・規模）と安価な人件費で成り立っている。香港
ベースの HAECO が世界最大の規模で HEACO は逆にアメリカ大陸にも逆上
陸している。

　香港（中国）以外の MRO 先進国はシンガポールである。シンガポールには
半国営のシンガポール航空系，エンジンメンテナンス専門を含め MRO が三社
存在する。いずれも国際競争力が高く技術的にも優れた企業である。ただ残念
ながらシンガポールとい国土の制約上大規模な整備工場はこれ以上望めない。
周辺国タイやインドネシア，さらにエアアジアの本拠であるマレーシアの
MRO が徐々に力をつけており新しい時代が来つつある。

3.　下請け産業の育成

　航空機産業そのものは小型機やリージョナル機も含めて大変な寡占状態にあることはすでに述べた。今盛んに新規参入の機会があるのは Tier-1 以下 Tier-2 などの下請け部品産業である。下請け産業の中にはすでに日系のナブテスコ・日機装・ジャムコなどの他の産業に地盤を持っている，またはすでに産業内で強力な地位を築いている企業もある。他方，これから参入しようと準備中，参入を始めたばかりの企業もある。多くは自動車などの産業で成功した企業が多いが，なかなか自動車での成功例をそのまま航空機へ持ち込めないのが現状である。これは自動車で培った自動化の先進技術を航空機で生かせない企業もある。電機・自動車と続いて一日当たり何万，何十万という同じ部品を生産してきた企業に一つ一つ生産過程の記録を残していく航空機の生産方法がなかなか合わない点があるかもしれない。ただ，航空機にも自動化の波は始まっており，今後エアバス・ボーイングのみならずエンブラエルやボンバルディアにも自動化を推進しなければ淘汰されてしまう時代は近づいている。ボンバルディアの衰退とそのメキシコ事業の停滞はその叙述なる例と思われる。航空機部品産業でも自動化の波は迫っており，欧米では 3D プリンターを使って航空機部品を量産できる企業が現れている。また民間機ではないが，少数熟練手作業の産業であった防衛航空産業でも戦闘機生産の自動化は始まっている。自動化の高いノウハウを備えた自動車産業からの参入メーカーは近い将来十分な威力を発揮できるものと思われるがその近い将来がどれだけ近いものになるかである。航空機主幹企業も自動車の「ケイレツ化」に見習い，実力のある部品作業を育成することが急務となっている。

4.　航空貨物

　周辺産業として最後に「航空貨物」産業について触れたい。航空貨物は今後大きな飛躍が期待される産業である。かつては輸出・輸入といえばコスト面か

らも船舶による「海上輸送」が主役であった。航空輸送はそれを補完し，緊急の案件のみというのが実状だった。昨今は輸出入も自動車産業の例にあるように現地生産が進み，完成品の輸出・輸入は減っている。一方で主要部品やサンプルなどの航空輸送は増加している。また輸出・輸入の趨勢が鉄鋼・機械・電機から食品・生活関連産業・医薬品・ソフトウェア等コスト面でも航空輸送に耐えられる軽量物が増えてきたためである。軽量な難易度部品は現地生産にこだわらず航空輸送で届け，現地で組み立てる企業も増えている。この傾向は今後も増えている。一方で航空輸送は現在定期便の貨物部分を利用しているのが実情で近い将来の拡大する需要に耐えられない。今後は現在活動するFEDEX，UPS や NCA に加えて小口輸送会社のヤマト運輸や日通なども航空輸送にさらに深く参入するかもしれない。アマゾンなど通信販売大手も参入する可能性は高い。そこでは航空貨物用の航空機が必要になる可能性がある。現在エアバスやボーイングが活用している大型部品航空輸送機エアバス A300ST ベルーガやウクライナ・アントノー（旧ロシア・アントノフ）An-225 ムリーヤなどが参考になるのだろうか。現在は大型でも航空機部品は本社工場で作らせて組立工場へ航空輸送するのが航空機産業の基本だがこれが自動車など他産業でも進展する可能性はある。かつては OEM メーカーが工場を建てるときに Tier-1 など部品メーカーは同じ地区に工場を建設するのが通常だったが，どこでも生産することが難しい部品が増えると航空機産業の例を踏襲する企業は増えるはずである。航空機も現在は退役した B747 など大型機が充てられているが，大きければよいものではなく，目的地に直接乗り入れるには適度な大きさが必要である。これは旅客輸送のハブアンドークが衰退した原因と同じである。

終わりに

　航空機産業の周辺産業は今後どんどん増えていくものと考えられる。これまでに上げた航空機ファイナンス以下の4事業以外に宇宙産業の活用も GPS や気象関連環境・地活用など，また無人機及びドローンを使った事業はすでに撮

影・観光などから広がりを見せている。これらの周辺産業は根本に航空機産業の充実・発展があった上での拡大と考えられる。一方で無人機やドローンなどの簡易化で新興国でも参入が容易になった。参入障壁が低くなった利点は多いが，一方で粗悪なまたは社会保障上の問題も山積される。航空機産業のこれまでの発展に間違いはなかったと思われるが今後はさらに望ましい形での拡大を続けていくには衆智が必要となってきている。

番外：ホンダジェット

　中・小型ジェット旅客機とはジャンルがずれるがビジネス・ジェットとしてのホンダジェットの躍進が伝えられている。ホンダ・ジェットの躍進は日本で設計したが，実際に製造しているのは米国という特徴がある。これは MRJ で苦労している耐空証明の取り方だけではなく，設計変更にも経験豊かな航空機製造エンジニアの確保のしやすさが特徴付けられる。すなわち同じ設計変更をするのにも飛行機を作ったことのない国で行うよりも常に国のどこかで飛行機を作っている国の方が設計エンジニアを集るのもその衆智を結集するのも容易であるからである。一方で同じビジネス・ジェットで三菱重工が開発生産したMU300 の例がある。MU300 は三菱重工業が 1960 年代終盤に開発した 9 人乗りビジネス・ジェット機である。性能は優秀であったがアメリカ FAA の耐空証明が取れず米国での販売ができぬまま三菱はビーチクラフトに売却した。ビーチクラフトはこれを同じ設計で Beech jet 400 として証明を取得，量産に成功した。この背景には当時事故が多発していたマクダネル・ダグラスのDC10 への風当りという不運があったが，できるだけ大量消費地の近くで生産するという基本的な生産戦略を実行したホンダの先進性もあった。

結　語

　競争戦略として戦略的提携の必要性とまたその企業の属する産業の技術革新
の必要性を技術波及効果という要素で分析してきた。航空機産業に代表される
極めて高度な技術を要し，ただしここの生産台数が限られた重要産業ではもは
や戦略的提携なしには新規大型プロジェクトは成立しなくなっている。また，
重要な戦略パートナーに恵まれプロジェクトに参加するには各企業の技術力の
高さが必要だが，またその産業としての技術波及効果が大きいことも国の産業
政策上も必要とされている。航空機産業は特殊な産業ではあるが，技術波及効
果が大きいこと，社会的影響力が大きいことから高度な技術インセンティブな
代表的産業として研究することは大きな意義があると思われる。

　日本の航空機産業がこれからアメリカ・EU の下請けから脱却していくには
いくつかの戦略が必要である。これまでの他産業・航空機産業での実績をもと
に以下が考えられる。

1．政府指導産業政策

　これは造船公団が主導し，計画造船が行われていたころでも結果的に失敗し
た。また現在のように MRJ や CX-PX，超音速機のように政府主導でそれぞ
ればらばらに行っていては結局航空機産業全体として仕事量の拡大は望めな
い。

　また，インドネシア IPTN の失敗のように結局赤字の垂れ流しとなりかねな
い。

2．新「日本航空機製造」の設立

　各社個別にまたは政府主体で行っていたのではいつまでも離陸できないので
あればかつての「日本航空機製造」のような合弁企業の設立が望まれる。ただ
し，今回は日本連合に固執していては YS11 の二の舞となる。韓国・中国・イ
ンドさらにロシアまでの共同設計・共同生産を促すことで市場の拡大を図るべ

きである。

３．国際的産業クラスターの形成

　かつての日本連合であった「日本航空機製造」の再結成だけではその「日本航空機製造」失敗の二の舞になりかねない。エアバスが EU 連合から発展して EADS を設立に進めたように日本だけではなく，地理的には広くアジアを含めた連合の結成が必要である。またさらに航空機だけではなく，防衛産業・宇宙機器産業を含めた帰国際的企業連合，産業クラスターの形成が望まれる。これは EU の EADS を十分手本にできると思われる。

　日本国内でも大手航空機産業だけの日本連合にとどまっていてはアメリカ・EU に対抗できない。自動車産業・電機産業さらに造船業のように下請け中小部品産業にいたるまでの技術産業クラスターの育成が必要である。まだ自動車産業等に比べ，発展が不十分な航空機産業の下請産業，部品産業の育成が急務である。ただ，これには素材産業の参入，他産業からの参入でその萌芽は進んでいる。東レ・帝人等の素材産業からの航空機部品産業への参入や日機装の航空機産業の参入等が顕著である。しかしながら，昨今の ECO 産業，たとえば太陽光発電・風力発電産業への参入促進政策のような積極政策は見られない。

　日本の航空機産業は大きな岐路に立たされている。三菱重工業の MRJ は一つの大きな試金石である。日本航空機製造で失敗して経験を元に出来るだけ政府の影響力を排除し，あくまでも三菱重工業中心で寄り合い所帯の決定力不足を払拭しようとしている。ところが，日本が市場として小さいだけではなく技術力・分担下請体制の強化からも国際的な提携が不可欠と考える。ベトナムに部品製造会社を設立する事は進めているようだが，まだベトナム航空からの正式受注にはいたっていない。ただ最近になってボーイングとのコンサルタント契約を結んだことが報道された。これはマーケティングや認証取得には前進であるのみではなく，エンジンメーカーとの折衝，新たな下請生産メーカーの発掘と交渉には大いに貢献すると思われる。ボーイング B717（旧 MD80-90 シリーズ）の生産中止でこの機種の部品メーカーをボーイング社から引き継ぐことが可能と思われるからである。

　一方でボーイング社はロシア・スホーイ社と小型旅客機の開発・設計・販売の契約を結び，スホーイ・スーパー・ジェット（SSJ）として受注を開始し，

すでに 70 機ほどの受注を得ている。2009 年中にアエロフロート社などに納入が開始される予定である。

　中国でもエアバス A320 シリーズの最終組み立て・検査が行われることが決定した。A350 シリーズは 50％以上を海外（EU 域外）パートナーで生産することを宣言している。この候補は中国である。

　これらの動きはいずれもその国単独では生産能力・納期確保・生産システムの改善等で単独で維持していくのは難しいと思われる。先行しているエンブラエル・ボンバルディアも海外生産パートナーとの提携を模索している。

　今後はボーイング・エアバスが中心になってこれら日本・ロシア・中国・韓国そして先行しているカナダ（ボンバルディア）・ブラジル（エンブラエル）とも戦略的な提携を築き上げていくことが各国の航空機産業の発展につながるものと考える。

　世界の航空機産業は集約化され，寡占化した。EU がアメリカの航空機産業の独占化に歯止めをかけようとして残っていた EU の航空機産業を結集してエアバスそして EADS を設立したように，アジアまたはロシア，ブラジル，カナダを巻き込んで共同事業体を設立し，設計・生産・販売の提携を行っていくことが今後の航空機産業全体を発展させていくことにつながると考える。欧州でもかつての名門オランダ・フォッカー社が破たんし，スウェーデン・サーブ社も独自の航空機生産は終了し，エアバスの部品生産にかろうじて生き延びている。スペイン・カサ社もエアバス傘下である。韓国でも共同生産体 KAIA を残すのみ，中国・ロシアもうまく統合されないとすべて破たんの可能性も残されている。これ以上航空機産業のメーカー数を減らすことは航空機産業全体の衰退を招く。一方で今後国際間の移動は貨客とも航空機が主流となっていくことは疑いの余地もない。幸い日本の航空機産業はほとんど撤退もなくほぼ 10 社が健在である。しかしながらここも独自の航空機の設計・販売に難がある。また下請け産業の成長にも限界が来ている。ボーイングは新型機 B787 の初飛行を大きく 3 回延べ 3 年にわたって遅らせている。これはもう一つの巨頭エアバスも同様である。さらに下記図 8 の予想に限らず，エアバス・ボーイングとも航空機市場の拡大を予想している。これほど約束された市場があり，寡占化された参加企業の体たらくが続く産業はまれである。また，産業としての

技術革新能力及びその影響力は甚大である。今後は国際的な提携を広範囲で着実に進めて参加企業の充実を図ることが重要である。

巻末資料

[参考1] 集中度とHHI指数（ハーフィンダール・ハーシュマン指数）

(1) 生産集中度

生産集中度とは，国内出荷，輸出を含めた個別事業者の国内生産における集中の状況を示す指標であり，次の算出式により求められる。

　　生産集中度 = (A／B) ×100
　　A：当該事業者が当該品目を国内で生産した量（額）
　　B：当該品目を国内で生産した総量（額）

なお，国内で生産した量（額）は，自己消費，自家使用を含め個別事業者が国内で生産したものすべてを対象にしており，他社に委託して当該品目を生産させた（委託生産）ものがあれば，その分は委託者側の生産量（額）に含めている。

この場合，重複を避けるため，受託者側の生産量（額）は委託者側への引渡し分を控除したものとしている。

(2) 出荷集中度

出荷集中度とは，個別事業者の国内出荷における集中の状況を示す指標であり，次の算出式により求められる。

　　出荷集中度 = ｜A／(B＋C)｜×100
　　A：当該事業者が当該品目を国内で生産（又は輸入）し，国内に出荷した量（額）
　　B：国内の事業者が国内に出荷した総量（額）
　　C：当該品目の輸入量（額）

なお，「B：国内の事業者が国内に出荷した総量（額）」には，事業者が国内で生産（委託生産分を含む。）し，国内向けに出荷した実績及び当該事業者が輸入して国内向けに出荷した実績を含んでいます。その際，受託生産により国内に出荷したものがあれば，重複を避けるため，受託者側の出荷量（額）から委託者側への引渡し分を控除したものとしています。また，「C：当該品目の輸入量（額）」については，原則として日本貿易月表（財務省編）の数値から当該事業者の輸入（メーカー輸入）を引いた数値を用いています。ただし，同月表中に品目範囲の一致する項がない場合又は集計

単位が異なる等の場合には，輸入欄は不明としている。

　累積集中度とは，上位企業のシェアの合計値であり，当該品目に係る集中度を示す指標の1つです。上位3社累積集中度は1位から3位までの企業のシェアを合計した数値であり，累積生産・出荷集中度データでは，例えば，上位3社累積集中度を「CR3」，上位4社累積集中度を「CR4」等と表記しており，CR3，CR4，CR5，CR8及びCR10を記載している。

　ハーフィンダール・ハーシュマン指数（以下「HHI」という。）とは，個別事業者ごとに当該事業者のシェアを二乗した値を計算し，これを当該品目に係る全事業者について合計したものであり，当該品目に係る集中度を示す指標の1つである。

　HHIは，次の算出式により求められる。

$$HHI = \sum_{i=0}^{n} Ci^2$$

　HHI指数は，個別事業者ごとのシェアを二乗した値の総和であるため，例えば，上位3社累積集中度が同じ品目であっても，1位企業のシェアが高い品目（下表の品目Aと品目Bとの関係での品目A）ほどHHIは大きな値を示す。また，仮に，1位企業のシェアが同じでも，2位以下の企業のシェアが低い品目（下表の品目Bと品目Cとの関係での品目C）ほどHHIは小さな値を示す。

（算出例）	品目A	品目B	品目C
1位企業シェア	70%	50%	50%
2位企業シェア	20%	30%	30%
3位企業シェア	10%	20%	10%
上位3社累積集中度	100%	100%	90%
4位以下企業シェア	0%	0%	8% 2%
HHI	5,400 $(70^2+20^2+10^2)$	3,800 $(50^2+30^2+20^2)$	3,568 $(50^2+30^2+10^2+8^2+2^2)$

［参考2］産業波及効果定量化

　産業波及効果の産業連関表から産業誘発額を算出する行列式は下記のとおりである。

$$X = (I-A)^{-1} \cdot F$$

　I：単位行列，A：投入係数行列（単位生産額あたりの中間投入必要額），F：最終需要額

　(I−A)はレオンチェフの逆行列で単位最終需要額あたりの究極的な生産必要

額を表す。

技術波及効果定量化の手法（考え方）

新技術による波及効果		生産誘発額算出のためのデータ設置方法
最終需要 (F) の変化	新製品需要の創出	新製品の内容が従来型製品と類似する場合
		新需要を同部門の F（消費・支出）に最終需要として設定
		新製品の内容が従来型製品と異なる場合
		新製品の生産水準に見合った部門別投入額を別途算出し、F に最終需要として設定
	新製品の普及によるは製品需要の創出	派生製品の内容が従来型と類似する場合
		派生製品需要を同部門の F（消費・輸出）に最終需要として設定
		派生製品の内容が従来型と全く異なる場合
		派生製品の生産水準に見合った部門別投入額を別途算出し、F に最終需要として設定
	代替製品の消失	消失需要を同部門の F にマイナスの需要として設定
投入係数 (A) の変化	新技術の生産性向上による原材料等中間投入率の向上	中間投入の変化率を表すベクトルの作成（PAS 法の S の作成）なお、中間投入率の向上により、付随的に製品の需要増が見込める場合は当該部門の F に増分を設定
	新技術の適用等による原材料等の中間需要の代替	中間需要の変化率を表すベクトルの作成（PAS 法の R の作成）なお、中間需要の代替により、付随的に製品の需要が見込める場合は、当該部門の F に増分を設定

出所：(社)日本航空宇宙工業会　航空機技術波及効果の定量化、2001 年。

［参考 3］各産業部門における潜在市場設定の基準と生産誘発額

	要素技術	産業部門	潜在市場算出基準	潜在市場規模	生産誘発額
材料	チタニウム合金	建築用金属製品	ビル用建築材料として、カーテンウォール等へ適用	193	428
		乗用車	高級車（年次生産ベースで国内生産台数の約 5.7%）の軽量化用材料として、ボディ用厚板に 0.3% 適用、また、同カテゴリー車の懸架装置に適用	155	412
	マグネシウム合金	自動車部品	自動車用部品として、主に軽合金ホィールに適用、主に高級車、高級スポーツ車の約 10% に適用	73	194
		自動車用内燃機関・同部品	高級車用エンジンのピストン・ヘッドに適用	650	1,606
	粉末冶金	自動車用内燃機関・同部品	複雑な形状を有したピストンヘッドに適用（0.15% 程度）	4,245	10,487

	複合材料 (CFRP)	建築用金属製品	サッシ製品以外の建材で，価格帯が高いものに適用	251	557
		乗用車	小型スポーツ車及び4WD車の約0.5%	4,550	12,083
		自動車部品	高級車向けプロペラシャフトの約5.7%	265	705
		自動車部品	プラスティック製燃料タンク等に高級車でステータスの高い層の約5%に適用	2,300	6,122
	金属系複合材料	自動車部品	大型バス，トラック等で特に大型のものブレーキシューに約5%適用	1,474	3,923
		自動車系内燃機関・同部品	高級乗用車の比較的大型エンジンに適用	8,269	20,429
		原動機	発電用原動機に約1%適用	975	2,311
		鉱山・土木建設機械	建設機械で，特に大型で運用負担の大きいものの一部に適用	506	1,091
	セラミック系複合素材	建築用非金属製品	ALCの代替として，ALC市場の約1%を想定	751	1,597
	材料データベース	情報サービス	現状，複合材料用データベースで商業的に情報サービス行っているものはない。金属素材系のデータベース市場と同程度まで需要が伸びてくるとして潜在市場を計算。	3,100	4,754
製造装置	非破壊検査技術	分析器・試験機・計量機・測定器	現状の非破壊検査市場のうち，土木・建築，車検，ガス・石油，電力，鉄鋼，船舶用に波及すると仮定，航空技術波及は1%程度として想定して算出。	111,191	212,559
設計試作	シュミレーション技術	情報サービス	情報サービスにおけるパッケージソフトウェアの市場をベースに，現状，航空機，自動車当シュミレーションが必要な領域に対象を絞り込んで潜在市場を算出。	439	673
運用訓練	シュミレータ	住宅建築	耐震構造等移動部があるもので，大手住宅メーカー数，動向，シュミレータ単価等をもとに算出	100	194
		自動車部品	現在の自動車訓運用シュミレータで特に性能の高いものは一台約2,000万円と高価（汎用機で300万円程度のものもある）だが，航空機技術の適用により価格が1/4程度まで下がると仮定して，国内の教習所，研究センター数などをももとに潜在市場を算出	15,000	39,927
		船舶	自動車用シュミレータと同様，船舶の研究機関等への導入を前提に潜在市場を算出	50	120
		鉄道	自動車用シュミレータと同様，鉄道の研究機関等（公的，民間双方）への導入を前提に潜在市場を算出	100	245

整備	故障モニタリング	建設補修	建築の性能保証制度等を受けて，新築検査を前提に潜在市場を算出。現状の基礎，躯体，完成等の単価をもとに潜在市場を算出している	2,537	5,292
		自動車部品	自動車用故障モニタリングについてはここではオンボード型を想定して特に高級車市場を対象として潜在市場を算出	184	490
		分析器・試験機・計量機・測定器	産業用の分析器，計量・測定市場等から算出	8,389	15,934
	複合材料修理	建設補修	複合材料の修理需要は，複合材料出荷量の3%と仮定	8	17
		自動車部品	複合材料の修理需要は，複合材料出荷量の3%と仮定	214	570
機体システム制御	制御機構	一般機械器具及び部品	産業用油圧システムの約1%と想定	504	925
		産業用ロボット	産業ロボット，数値制御，知能ロボットには将来的にほぼ導入されるものと考えられる。ただし，ここでは潜在市場として全体の10%を想定している	15,825	33,787
		自動車部品	自動車用のブレーキシステムには将来的にはかなり導入されるものと考えられる。ここでは当初の単価が高いということを考え，高級車の一部を想定している	77	205
	機内環境制御	運搬機器	超高層ビル用エレベータの約5%を将来的な潜在市場としている	1,323	3,071
		自動車部品	将来的にはかなりの自動車に導入されることとなろうが，ここでは高級車に限定	42,140	112,168
	騒音・振動制御	トラック・バス・その他の自動車	バス等，旅客輸送用大型車を潜在市場としており，将来的にはトラック等への適用も考えられる	1,500	4,496
		鉄道	鉄道については，特に車内環境が重視される新幹線，特急等を対象とする	150	367
	機内エンタテインメントシステム	サービス機器	業務用アーケードゲームで，特にネットワーク性能が重視されるシステムを対象としている	2,000	4,397
	火災対策システム	建築費金属製品	性能，コストともに優れていればかなりの需要が期待されるが，同時に法的なバクアップも重要となろう，戸建住宅で比較的高い層を対象としている	2,897	6,162

		その他製造工業品	住宅やビル等への適用が考えられるが，ここでは高級なものを対象とする	608	1,213
	飛行記録システム	自動車部品	自動車の情報化，安全重視等から将来的にはかなりの市場が予測されるが，ここでは当面の市場として高級車を対象としている	608	1,213
アビオニクス	アンテナ	無線通信機器	移動体用の小型アンテナ及び家庭用のもの	731	1,585
	信号処理システム	無線通信機器	上記小型アンテナにリンケージして市場を想定	7,349	15,935
	GPS関連装置	無線通信機器	現状のGPS機器市場をベースに算出	305	661
	暗号・セキュリティ	情報サービス	現状の情報セキュリティ・サービス市場をもとに算出	2,480	3,803
	耐環境コンピューター	電子計算機本体	現状のWSクラスの需要構成をもとに今後GPSや各種自動制御技術の発展に伴う農業の情報化市場を対象とする	470	928
	飛行制御用OS	情報記録物	産業機械の制御部の性能向上，市場としては現状の独自OS市場の全体に対する比率を基に潜在市場を算出	8,730	13,223
	赤外線センサー	半導体素子・集積回路	セキュリティ市場をベースに算出	13	17
	高精細LCD	電子応用装置	医療用に，画像データ処理用の高精細ディスプレイを前提として現状の液晶ディスプレイの高精細型の市場の10％と想定	6,450	13,278
	コンフォーマル型アンテナ	無線通信機器	コンフォーマル型は自動車用等で，かつ高級車を想定，将来的には家庭用も	1,064	2,307
	CCD	半導体素子・集積回路	医療用，検査用の市場を対象，高級デジタルカメラ市場も対象	25,711	33,719
	IR-CCD	半導体素子・集積回路	現状のセキュリティ・サービス市場をもとに算出	257	337
	光システム	電子応用装置	現状の光計測システムを基に算出	1,669	3,433
	低NO_x/CO_2技術	分析器・試験機・計量機・測定器	NO_x, CO_2の現状の公害測定器市場を基に算出	2,212	4,201
合計				134,477	286,836
技術波及効果の評価対象＝10年					6,295,560

出所：日本航空宇宙工業会『航空機技術波及の定量化』（社）航空宇宙工業会，2004年同会HPをもとに筆者が作成した。

[参考4] 主な科学衛星

年	月	打上ロケット	号機	ミッション			主契約社
1970	2	L-4S	#5		おおすみ	試験衛星	日本電気
1971	2	L-4S	#2	MS-T1	たんせい	試験衛星	日本電気
1971	9	L-4S	#3	MS-F2	しんせい	太陽電池・宇宙観測衛星	日本電気
1972	8	L-4S	#4	REXS	でんぱ	電磁波励起実験衛星	日本電気
1974	2	M-3C	#1	MS-T2	たんせい2	試験衛星	日本電気
1975	2	M-3C	#2	SPARTS	たいよう	太陽X線観測衛星	日本電気
1977	2	M-3H	#1	MS-T3	たんせい3	試験衛星	日本電気
1978	2	M-3H	#2	EXOS-A	きょっこう	磁気観測衛星	日本電気
1978	2	M-3H	#3	EXOS-B	じきけん	磁気観測衛星	日本電気
1979	2	M-3C	#4	CORSA-b	はくちょう	X線天文衛星	日本電気
1980	2	M-3S	#1	MS-T4	たんせい4	工学実験衛星	日本電気
1981	2	M-3S	#2	ASTRO-A	ひのとり	太陽X線観測衛星	日本電気
1983	2	M-3S	#3	ASTRO-B	てんま	X線天文衛星	日本電気
1984	2	M-3S	#4	EXOS-C	おおぞら	中層大気観測衛星	日本電気
1985	1	M-3SII	#1	MS-T5	さきがけ	ハレー彗星観測衛	日電/三電
1985	8	M-3SII	#2	PLANNET-A	すいせい	ハレー彗星探査機	日本電気
1987	2	M-3SII	#1	ASTRO-C	ぎんが	X線天文衛星	日本電気
1989	2	M-3SII	#1	EXOS-D	あけぼの	オーロラ観測衛星	日本電気
1990	1	M-3SII	#1	Lunar Orbiter	ひてん	月探査機	日本電気
1990	1	M-3SII	#1	SOLAR-A	はごろも	月周回軌道衛星（ひてんの孫衛星）	日本電気
1991	8	M-3SII	#1	GEOTAIL	ようこう	太陽観測衛星	日本電気
1992	7	Delta	#1	ASTRO-D		磁気圏観測衛星	日本電気
1993	2	M-3SII	#1	SFU	あすか	X線天文衛星	日本電気
1995	3	H-II	#1	MUSES-B		宇宙実験・観測フリーフライヤ	三電/IHI
1997	2	H-V	#1	PLANET-B	はるか	電波天文衛星	日電/三電
1998	7	H-V	#1	USERS	のぞみ	火星探査機	日本電気
2002	9	H-IIA	#1			次世代型無人宇宙実験システム	日本電気
2003	9	M-V	#1	MUSES-C	はやぶさ	小惑星探査機	日本電気
2005	8	Dnepr	#1	INDEX	れいめい	小型科学衛星	日本電気
2005	10	M-V	#6	ASTRO-EII	すざく	X線天文衛星	日本電気
2006	2	M-V	#8	ASTRO-F	あかり	赤外線天文衛星	日本電気
2006	9	M-V	#7	SOLAR-B	ひので	太陽観測衛星	日本電気
2007	9	H-IIA	#13	SELENE	かぐや	月周回衛星	日本電気
2010	5	H-IIA	#17	PLANET-C	あかつき	金星探査機	日本電気
2010	5	H-IIA	#17	IKAROS		小型ソーラー電力セイル実証機	日本電気

［参考 5］ 主な実用・技術試験衛星

No.	年	月	打上ロケット	号機			ミッション	主契約社
1	1975	9	N-I	#1	ETS-1	きく1号	技術試験衛星	日本電気
2	1976	2	N-I	#2	ISS	うめ	電離層観測衛星	三菱電機
3	1977	2	N-I	#3	ETS-II	きく2号	技術試験衛星	三菱電機
4	1977	7	Delta		GMS	ひまわり	静止気象衛星	Hughes/日電
5	1977	12	Delta		CS	さくら	通信衛星	Ford/三電
6	1978	2	N-I	#4	ISS-b	うめ2号	電離層観測衛星	三菱電機
7	1978	4	Delta		BS	ゆり	放送衛星	GE/東芝
8	1981	8	N-II	#1	ETS-IV	きく3号	技術試験衛星	三菱電機
9	1981	9	N-II	#2	GMS-2	ひまわり2	静止気象衛星	日本電気
10	1982	2	N-I	#7	ETS-III	きく4号	技術試験衛星	東芝・三電
11	1983	8	N-II	#3	CS-2a	さくら	通信衛星	三菱電機
12	1983	1	N-II	#4	CS-2b	さくら	通信衛星	三菱電機
13	1984	8	N-II	#5	BS-2a	ゆり	放送衛星	東芝
14	1984	2	N-II	#6	GMS-3	ひまわり3	静止気象衛星	日本電気
15	1986	8	N-II	#7	BS-2b	ゆり	放送衛星	日本電気
16	1986	2	H-I	#1	EGS	あじさい	測地実験衛星	川崎重工
17	1986	9	H-I		JAS-1	ふじ	アマチュア無線衛星	日本電気
18	1986	9	H-I		MABES	じんだいじ	磁気軸受フライホール実験装置	(NAL/三電)
19	1987	2	N-II	#8	MOS-1	もも1号	海洋観測衛星	日電/三電
20	1987	8	H-I	#2	ETS-V	きく5号	技術試験衛星	三菱電機
21	1988	8	H-I	#3	CS-3a	さくら	通信衛星	三電/日電
22	1988	2	H-I	#4	CS-3b	さくら	通信衛星	三電/日電
23	1989	2	H-I	#5	GMS-4	ひまわり	静止気象衛星	日本電気
24	1990	8	H-I	#6	MOS-1b	もも1号b	海洋観測衛星	日本電気
25	1990	3	H-I		DEBUT	おりづる	技術試験衛星	日本電気
26	1990	8	H-I		JAS-1b	ふじ2号	アマチュア無線衛星	日本電気
27	1990	11	H-I	#7	BS-3a	ゆり3号a	放送衛星	日本電気
28	1991	2	H-I	#8	BS-3b	ゆり3号b	放送衛星	日本電気
29	1992	12	H-i	#9	JERS-1	ふよう1	地球資源衛星	三菱電機
30	1994	8	H-II	T#1	VEP	みょうじょう	性能確認用ペイロード	東芝/IHI
31	1994	2	H-II		OREX	りゅうせい	軌道再突入実験機	三菱重工
32	1994	3	H-II	T#2	ETS-VI	きく6号	技術試験衛星	東芝/三電他
33	1995	8	H-II	T#3	GMS-5	ひまわり5	静止気象衛星	日本電気
34	1996	11	H-II	#4	ADEOS	みどり	地球観測プラットフォーム技術衛星	三電/日電他

35	1996	12	H-II		JAS-2	ふじ3号	アマチュア無線衛星	日本電気
36	1997	11	H-II	#6	ETS VII	おりひめ ひこぼし	技術試験衛星	東芝・三菱電他
37	1998	2	H-II	#5	COMETS	かけはし	通信放送技術衛星	日電／東芝他
38	2000	12	Ariane		LDREX		大型展開アンテナ小型・部分	三菱電機
39	2001	8	H-IIA	T#1	LRE (VEP)		レーザ実測衛星	三菱電機
40	2002	2	H-IIA	T#2	MDS-1	つばさ	民生部品・コンポ実証衛星	日本電気
41	2002	9	H-IIA	T#3	DRATS	こだま	データ中継技術衛星	三菱電機
42	2002	12	H-IIA	T#4	ADEOS-II	みどりII	環境観測技術衛星	三菱電機
43	2003	10	ROKOT		SERVIS-1		宇宙実証衛星	三菱電機
44	2004	2	H-IIA	T#5	MISAT-1R	ひまわり6	通信多目的衛星	三菱電機
45	2004	8	Dnepr	T#6	OICETS	きらり	通信技術試験衛星	日本電機
46	2006	1	H-IIA	T#8	ALOS	だいち	陸域観測技術衛星	日本電気
47	2006	2	H-IIA	T#9	MISAT-2	ひまわり7	運輸多目的衛星	三菱電機
48	2006	9	Ariane		LDREX-2		大型展開アンテナ小型・部分	三菱電機
49	2006	12	H-IIA	T#11	ETS-VIII	きく8号	技術試験衛星	三菱電機
50	2008	2	H-IIA	T#14	WINDS	きずな	超高速インターネット衛星	日本電気
51	2009	1	H-IIA	T#15	GOSAT	いぶき	温室効果ガス観測技術衛星	三菱電機
52	2010	9	H-IIA	T#18	QZSS	みちびき	準天頂衛星	三菱電機

注：科学衛星，その他，実用・技術衛星は日本メーカーが多い。

［参考6］運用中の商用衛星・放送衛星

衛星名称	発注者	ミッション	質量 (kg)	衛星製作 主契約社	軌道位置	打上ロケット
JCSAT-5（1B）	JSAT	画像伝送・音声 通信データ伝送	1,820	ヒューズ	静止衛星軌道 150	アリアン4
JCSAT-6（4A）		画像伝送・音声 通信データ伝送	1,820	ヒューズ	静止衛星軌道 124	アトラス2AS
JCSAT-8（2A）		画像伝送・音声 通信データ伝送	1,600	ロッキード・ マーチン	静止衛星軌道 154	アリアン4
JCSAT-9（5A）	宇宙通信	画像伝送・音声 通信データ伝送	2,000	ロッキード・ マーチン	静止衛星軌道 132	ゼニット3SL
JCSAT-110 スーパーバードD	宇宙通信	画像伝送・音声 通信データ伝送	2,100	ボーイング	静止衛星軌道 110	アリアン4
スーパーバードB2	宇宙通信	画像伝送・音声 通信データ伝送	2,460	ヒューズ	静止衛星軌道 162	アリアン4
スーパーバードC	宇宙通信	画像伝送・音声 通信データ伝送	1,665	ロッキード・ マーチン	静止衛星軌道 144	アトラス2AS

N-STAR c	NTT ドコモ	画像伝送・音声 通信データ伝送	720	ヒューズ	静止衛星軌道 136	アリアン 5
BSAT-1b	放送衛星 システム	衛星放送通信 サービス	720	ヒューズ	静止衛星軌道 110	アリアン 4
BSAT-2a	放送衛星 システム	衛星放送通信 サービス	780	オービタル	静止衛星軌道 110	アリアン 4
BSAT-2c	放送衛星 システム	衛星放送通信 サービス	780	オービタル	静止衛星軌道 110	アリアン 5
BSAT-3a	放送衛星 システム	衛星放送通信 サービス	1,230	ロッキード・ マーチン	静止衛星軌道 110	アリアン 5
MBSAT	モバイル 放送	モバイル放送向 け衛星デジタル 放送サービス	1,760	SS/L	静止衛星軌道 144	アトラス 3
JCSAT-10（3A）	JSAT	画像伝送・音声 通信データ伝送	1,860	ロッキード・ マーチン	静止衛星軌道 128	アリアン 5
スーパーバード C2	宇宙通信	画像伝送・音声 通信データ伝送	—	三菱電機	静止衛星軌道 149	アリアン 5
JCSAT-12（RA）	JSAT	画像伝送・音声 通信データ伝送		ロッキード・ マーチン	不明	アリアン 5

注：運用中の商用衛星・放送衛星は海外メーカーが多い。

出所：日本航空宇宙工業会，『日本の航空産業　平成 22 年度版』2009 年。

参考文献

Airbus Industries 'Airbus Industries' Global Market Forecast 1998-2017', *Air and Space Europe*, Vol.1 No.2, pp.13-20, 1999.

Adachi, Yoshihiro 'Research on the simulation models for qualification of ripple effects in publicly funded R&D Project', *Development Engineering*, Vol.9, pp.69-77, 2003.

Amara, Joanna, 'Military industrial and development Jordan's Defense', *Review of Financial Economics* No.7 pp.130-145, RFE, 2008.

Arinho, Africa and Reuer, Jeffery J., *"Palgrave, Strategic Alliance Governance and Contract"*, Macmillan, 2006.

Bain, Joe S., *"Industrial Organization"*, Illus 1976.

Barney, Jay B., *"Gaining and Sustaining Competitive Advantages"*, Second Edition, Prentice Hall 2002., 岡田正大訳, 『企業戦略論 上・中・下』, ダイヤモンド社, 2003 年。

Barney, Jay B. and Clark, Delwyn N., *"Resource Based Theory-Creating Sustainable Advantages-"*, Oxford University Press, 2006.

Besanko, David, Dranova, David and Shanley, Mark, *"Economy of Strategy"*, John Wiley & Sons, Inc., 2000., 奥村昭博・大林厚臣監訳, 『戦略の経済学』, ダイヤモンド社, 2002 年。

Brandenburger, Adam M. and Malebuff, Barry J. *"Co-opetition"*, Currency Doubleday 1996.

Brooks, Sarah M. and Kutrts, Marcus J., 'Capital, Trade and Political Economies of Reform', *Journal of political Science*, Vol.51, No.4, pp.703-720, 2007.

Chen, Homin and Chen, Tain-Jy 'Governance Structure in Strategic Alliance: Transaction Cost versus Resource-Based Perspective', *Journal of World Business*, No.38, pp.1-14, 1995.

Christensen, Clayton M., *"Seeing what's next: using the theories of innovation to predict industry change"*, Harvard Business School Press 2005., 宮本喜一訳, 『明日は誰のものか』第 6 章, ランダムハウス講談社, 2005 年。

Christensen, Clayton M., Suarez, Fernando F., and Utterback, James M., 'Strategy for Survival in Fast-Changing Industries', *"Management Science"* Vol.44, No.12, Part2 of 2, December 1998.

Clark, Kim B. and Fujimoto, Takahiro *"Product Development Performance: Strategy, Organization and Management in the World Auto Industry"*, Harvard Business School Press, 1991.

Coarse, R.H. *"The Firm, the Market and the Law"*, The University of Chicago Press, 1988.

Das T. K. and Teng, Bing-Sheng, 'Relational Risk and its personal Correlates in Strategic Alliance' *Journal of Business and Psychology*, Vol.15, No.3, pp.449-465, 2001.

Das T.K. and Teng Bing-Sheng, "Alliance Constellations: A Social Exchange Perspective', *Academy of Management*, Vol.27, No.3, pp445-456, 2002.

Djayawickrama, A. and Thangavel, S. M., 'Trade linkages between China, India and Singapore Changing comparative advantage of industrial products', *Journal of Economic Studies*, Vol.27, no.3, pp.248-266, 2010.

Doz, Yves L. and Hamel, Gary, *"Alliance Advantage the Art of Creating Value through Partnering"*, Harvard Business School Press, 1998.

Dossauge Pierre and Bernard Garrette 'Determinants of Success in International Strategic Alliance: Evidence from the Global Aerospace Industry', *Journal of International Business Studies* Vol.28, No.3 pp.505-530, 1995.

Dossauge, Pierre Bernard Garrette and Dussauge Will Mitchell, 'Learning from Competing Partners: Outcomes and Durations of Scale and Link Alliance in Europe, North America and Asia', *Strategic Management Journal*, Vol.21, No.2, pp.99-126, 2000.

Dyer, Jeffrey H. and Singh, Harbir, 'The Relational View: Cooperative Strategy and source of Intcrorganizational Competitive Advantage', *Academy of Management Review*, Vol.23, No.4, pp.660-679, 1998.

Eadorff, Alan V. A., 'Trade theorist's take and skilled-labor outsourcing', *International Reviews of Economics and finance*, No.14, pp.237-258, 2005.

Egger, Harmut and Egger, Peter, 'Labor market effects of outsourcing under industrial independence', *International Reviews of Economics and Finance*, No.14, pp.349-363, 2005.

Elenkov, Detelin S., 'The Russian Aerospace Industry: Survey with Implications for American Firms in the Global Marketplace', *Journal of International Marketing*, Vol.3, No.2, pp.71-81, 1995.

ERIA2010, https://www.rieti.go.jp/jp/events/bbl/101018_kimura.pdf

Ethier, Wilfred J., 'Globalization, Glocalization: Trade, Technology and Wages, International *Review of Economics and Finance*, No.14, pp.237-258, 2005.

Freeman, Christfer and Soete, Luc, "*The Economics of Industrial Innovation*", MIT Press, 1997.

Goerg, Holger and Hanley, Aoife, 'Labor demand effects of international outsourcing: Evidence from plant-level data', *International Review of Economics and Finance*, No.14, pp.365-376, 2005.

Golich, Vicki L., 'From Competition to Collaboration: The challenge of commercial class Aircraft manufacturing', *International Organization*, Vol.46, No.4, pp.899-934, 1992.

Giovanni Graziani, 'International Sub-contracting in the Textile and Cloth industry', "Fragmentation: New Production Patterns in the World Economy", Oxford University Press, 2001.

Grossman, G. and Helpman, E., 'Outsourcing versus FDI in Industry Equilibrium', *Journal of the European Economic Association* Vol.1 No.2/3, Apr- May 2003.

Hagedoorn, John and Schakenraad Jos, 'The Effect of Strategic Technology Alliance on Company Performance', *Strategic Management Journal*, Vol.15, pp.291-304, 1994.

Hanlon, Pat, "*Global Airlines - Competition in a Trans-national Industry*", Second Edition, Butterworth Hanemann 1999.

Hitt, Michael A., Dacin, M. Tina, Levitas, Edward, Edhec, Jean-Luc Arregle and Borza, Anca, 'Partner Selection in Emerging and Developed Market Context', Academy *of Management Journal*, Vol.43, No.3, pp.449-467, 2000.

Jacobdes, Michael G. and Winter, Sidney G., 'The Co-Evolution of Capabilities and Transaction Costs: Explaining the Institutional Structure of Production', *Strategic Management Journal*, Vol.26, pp.395-413, 2005.

Jöreskog K. G. and Sörbom D. "Exploratory factor analysis program user's guide Chicago IL: National Educational Resurces", 1977.

Jones, Ronal W. and Kierzkowski, Henryk, 'The Role of Services in Production and International Trade: A Theoretical Framework', "*The Political Economy of International Trade*", Basil Blackwell, 1990.

Jones, Ronald W., Kierzkowski, Henryk and Lurong, Chen 'What does evidence tell us about fragmentation and outsourcing?', *International Reviews of Economics and finance*, No.14, pp.305-316, 2004.

Jorde, Thomas M. and Teece, David J., 'Innovation and Cooperation: Implications for Completion and Antitrust', *The Journal of Economic Perspectives*, Vol.4, No.3, pp.75-96, 1990.

Kaiser, Karl, 'Transaction Politics: Toward a Theory of Multinational Politics', *International Organization*, Vol.25, No.4, pp.790-817, 1971.

Kapstein, Ethan B., 'The Brazilian Defense Industry and the International system', *Journal of International Business Studies*, Vol.26 No.3, pp.505-530, Palgrave MacMillan Journals, 1995.

Kelly, Donna J. and Rice, Mark P., 'Advantage beyond founding the strategic use of technologies', *Journal of Business Venture*, No.17, pp41-57, 2002.

Kimura, Fukunari and Ando, Mitsuyo, 'Two-dimensional fragmentation in East Asia: Conceptual framework and empirics', *International Reviews of Economics and finance* No.14, pp.317-348, 2005.

Kimura, Fukunari and Obayashi, Ayako, 'International Production Networks: Comparison between China and ASEAN', *ERIA Discussion paper series* ERIA-DP-2009-1, 2009.

Ngo, Van Long, 'Outsourcing and technology spillovers', *International Reviews of Economics and finance* No.14 pp.297-304, 2005.

Kohler. W., 'International Outsourcing and Factor Prices with Multistage Production', *The Economic Journal*, Vol.114, No.494, Conference Papers Mar pp.C166-C185, 2004.

Krane, Dale, 'Opposition Strategy and Survival in Praetorian Brazil 1964-79', *The Journal of Politics*, Vol.45, No.1 pp.28-63, 1983.

Lavie, Doveb, 'Alliance Porfolios and Firm Performance: A study of Value Creation and Appropriation in the U.S. Software Industry', *Strategic Management Journal*, Vol.28, pp.1187-1212, 2007.

Neven, Damien, Seabright, Paul and Grossman, Gene M., 'European Industrial Policy: The Airbus Case', *Economic Policy*, Vol.10, No.21 pp.313-358, Blackwell publishing, 1995.

Nishiguchi, Toshiro, *"Strategic Industrial Sourcing: the Japanese Advantage"*, Oxford University Press, 1994.

Perks, Helen and Sanderson, Michael, 'An International Case Study of Cultural diversity and the role of Stake Holders', *Journal of Business and Industrial Marketing*, Vol.15, No.4, pp.353-369, 2000.

Porter, Michael E., 'Changing Patterns of International Competition', *"The Competitive Challenge: Strategies for Industrial Innovation and Renewal"* Edited by David J. Tierce, Ballinger Publishing Company 1987., 石井淳蔵他訳,『競争への挑戦　革新と再生への戦略』, 白桃書房, 1988 年。

Posner, Richard A., *"Economic Analysis of Law,"* Aspen Law and Business, 2002.

Rabelo, Flaevio M. and Vaseoncelos, Flaevio C., 'Corporate Governance in Brazil', *Journal of Business Ethics*, Vol.37, No.3, pp.321-335, 2002.

Reuler, Jeffrey J. *"Strategic Alliance Theory and Evidence"*, Oxford Management Reader, 2004.

Rossetti, Christian and Choi, Thomas Y., 'On the Dark Side of Strategic Sourcing: Experience from the Aerospace Industry', *The Academy of Management Executive*, Vol.19, No.1, pp.46-60, 2005.

Ruane, Frances and Goerg, Holgar, '*The Impact of Foreign Investment on Sectoral Adjustment in the Irish Economy*', "National Institute Economic Review", 1997.

Sandler, Todd and Hartley Keith, 'Economies of Alliances: The Lessons for Collective Action', *Journal of Economic Literature*, Vol.39, No.3, pp.869-896, 2001.

Scully, John, 'Airbus Industries: An Adapted Training and Flight Operations Support', *Air & Space*

Europe Vol.1 No.4 9, pp.90–96, 1999.

Schumpeter, Joseph A., *"Das Wesen und Hauptinhalt der theoretical Nationaloekonomie"*, Lepzig Dunkell & Humlot, 1908., 大野忠男・木村健康・安井琢磨訳, 『理論経済学の本質と主要内容』, 岩波書店, 1983 年。

Schumpeter, Joseph A., *"Theories der wirschaftlichen Entwicklung*, 1926., 塩野谷祐一・中山一郎・東畑精一訳, 『経済発展の理論』, 岩波書店, 1977 年。

Schumpeter, Joseph A., *"Capitalism, Socialism and Democracy"*, Oxford University Press, 1942., 塩野谷祐一・中山一郎・東畑精一訳, 『資本主義・社会主義・民主主義』, 東洋経済新報社, 1951 年。

Schon, Donald A., *"Technology and change"*, Elsevier, 1967, 松井好・牧山武一・寺崎実訳, 『技術と変化 テクノロジーの波及効果』, 産業能率短期大学出版部, 1970 年。

Shah, Reshima H. and Swaminathan, Vanitha, 'Factors influencing Partner selection in strategic Alliance: The Moderating Role of Alliance Context', *Strategic Management Journal*, Vol.29, 471–494, 2008.

Solberg, Carl Arthur, 'A Framework for Analysis of Strategy Development in Globalizing Markets', *Journal of International Marketing*, Vol.5, No.1, pp.9–30, 1997.

Smith D. J., 'Strategic alliance in the aerospace industry: a case of European emerging converging', *European Business Review*, 1 April Vol.97, No.4 pp.171–178, 1997.

Tirole, Jean, *"The theory of industrial organization"*, MIT Press, 1988.

Tirole, Jean, 'Corporate Governance', *The Econometric Society*, Vol.69, No.1, pp.1–35, 2001.

Thornton, David Weldon, *"Airbus Industries –The politics of an International Industrial Collaboration–"*, St. Martin's Press, 1995.

Tucker, Jonathan B., 'Partners and Rivals: A Model of International Collaboration in Advanced Technology', *International Organization*, Vol.45, No.1, pp.83–120, 1991.

Wah, Henry Jr., 'Fragmented trade and manufacturing services– Examples for non-convex general equipment', *International Reviews of Economics and finance* Vol.14, pp.271–295, 2005.

Williamson, Oliver E., *"Markets and Hierarchies"*, MacMillan Publishing Co., Inc., 1975., 浅沼万里・岩崎晃訳, 『市場と企業組織』, 日本評論社, 1980 年。

Williamson, Oliver E., *"The Economic Institutions of Capitalism"*, Free Press, 1985.

Williamson, Oliver E, *"Economic Organization"*, Wheatsheaf Books Ltd. 1986., 井上薫・中田善啓監訳, 『エコノミック・オーガノゼーション』, 晃洋書房, 1989 年。

Williams, Victoria, "The Engineering Options for the Mitigating the Climate Impacts of Aviation", *Philosophical Transactions: Mathematical and Engineering science*, Vol.365, No.1861 pp.3047–3059, Royal Society Publishing, 2007.

Yamashita, Nobuaki, *"International Fragmentation of Production: The Impact of Outsourcing on Japanese Economy"*, Edward Elgar Family Business in International Publishing, 2010.

Yim, Xiaoli and Shanley, Mark, 'Industry Determinants of the Merger versus Alliance Decision', *Academy of Management Review*, Vol.33, No.2, pp.473–491, 2008.

青島矢一・加藤俊彦, 『競争戦略論』, 東洋経済新報社, 2003 年。

青島矢一, 「日本型製品開発のプロセスとコンカレント・エンジニアリング：ボーイング 777 開発の事例」, 『一橋論叢 第 120 巻 5 号』一橋大学, 1997 年。

青島矢一, 「3 次元 CAD による製品開発プロセスの革新」, 『一橋大学イノベーション研究センター wp97-01』, 一橋大学, 1997 年。

浅田孝幸・長坂敬悦，「航空機産業における技術融合と戦略」，林昇一・高橋宏幸編，『現代経営戦略の潮流と課題』第7章，中央大学出版部，2004年。

浅沼萬里，『日本の企業組織　革新的適応のメカニズム—長期取引関係の構造と機能—』，東洋経済新報社，1995年。

浅羽茂・新宅純二郎，『競争戦略のダイナミズム』，日本経済新聞社，2001年。

有泉徹，『3次元CADによる設計の改革術』，日刊工業新聞社，1996年。

伊従寛，『独占禁止政策と独占禁止法』，日本比較法研究所，1997年。

植草益，『産業組織論』，筑摩書房，1982年。

植草益・井出秀樹・竹中康治・堀江明子・菅久修一，『現代産業組織論』，NTT出版，2002年。

浦田秀次郎・日本経済研究センター編，『アジアFTAの時代』，日本経済新聞社，2004年。

岡田啓，「CO_2排出権取引制度における航空部門の組み入れとその課題」，『中央大学経済研究所年報』，No.39，pp353-369，中央大学，2008年。

奥村正寛・竹村彰通・新宅純二郎編著，『電子社会と市場経済』，新世社・サイエンス社，2002年。

小田切宏之，『新しい産業組織論』，有斐閣，2001年。

海上泰生，「航空機産業にみられる部品供給構造の特異性」，『日本公庫総研レポート』，日本政策金融公庫総合研究所，2011年。

笠原伸一郎，「航空機産業における世界的再編とグローバル構造の構築」，『専修大学経営研究所報第165号，pp.1-22，専修大学，2005年。

笠原宏，「ボーイング／マクダネル・ダグラスの合併に対する欧州委員会の決定について」，『公正取引』，No.571，pp.647-665，1998年。

加藤寛一郎，『エアバスの真実』，講談社，2002年。

金丸允昭，「ボーイング777の国際共同開発」，『日本機械学会誌』第93巻，第93号，pp.24-30，1996年。

閑林亨平，「航空機産業における技術革新と競争戦略—ボーイングB767とB777の国際協同開発と生産において—」，『中央大学大学院　研究年報』，No.34，pp.63-79，2005年。

閑林亨平，「航空機産業の技術革新と競争戦略—エアバス新型機A380の開発と生産における競争戦略—」，『第20回日韓学術会議シンポジウム』，2005年。

閑林亨平，「航空機産業における技術革新と競争戦略についての研究—日本の新型民間航空機の開発と生産における競争戦略—」，『中央大学経済学研究所年報』，第38号，pp.151-160，2007年。

閑林亨平，「航空機産業の技術革新と競争戦略—日本の航空機産業と特性と問題—」，『東アジア経済経営学会誌』，第1号，pp.47-54，2008年。

岸井大太郎・向田直範・和田健夫・内田耕作・稗貫俊文，『経済法　独占禁止法と競争政策』，有斐閣アルマ，2008年（増補版）。

木村福成，「東アジアの地域主義：現状と課題」，田中素香・馬田啓一編著，『国際経済関係論』，文眞堂，2007年。

桑田耕太郎，「経営資源の戦略的価値」，『経済と経済学』No.78，東京都立大学経済学会，1995年。

桑田耕太郎，「他者の経験からの組織学習」，『経済と経済学』No.80，東京都立大学経済学会，1996年。

航空宇宙問題調査会，「YX-767開発の歩み」，1985年。

航空振興財団発行・運輸省航空局監修『数字でみる航空1995』，1995年。

郷原信郎，『独占禁止法の日本的構造　制裁・措置の座標軸分析』，清文社，2004年。

後藤晃，『日本の技術革新と産業組織』東京大学出版会，1993年。

斎藤優，『技術移転論』，文眞堂，1979年。

斎藤優，『技術開発論』，文眞堂，1988年。

西頭恒明,「ボーイング超製造業への急旋回」,『日経ビジネス 9 月 18 日号』, pp.44-49, 2000 年。

新庄浩二,『産業組織論』, 有斐閣ブックス, 1995 年。

新庄浩二編,『新産業組織論（新版）』, 有斐閣ブックス, 2003 年。

杉浦重泰,「航空機エンジン開発とアフターマーケット・ビジネスの構想」,『日本ガスタービン学会誌』, Vol.33, No.3, pp.4-10, 日本ガスタービン学会, 2005 年。

武石彰,『分業と競争―競争優位のアウトソーシング・マネージメント―』, 有斐閣, 2003 年。

武石彰,「自動車産業のサプライヤーズシステムに関する研究」『社会科学研究 2000 年』, 2000 年。

竹之内玲子,「航空機産業における競争優位の構築」,『早稲田大学商学部年報』, pp.10-20, 2004 年。

谷山新良,『産業連関論』, 大明堂, 1991 年。

徳田昭雄,『グローバル企業の戦略的提携』, ミネルヴァ書房, 2000 年。

長岡貞夫・平尾由紀子,『産業組織の経済学』, 日本評論社, 1998 年。

西口俊宏,『ネットワーク思考のすすめ―ネットヤントリック時代の組織戦略』, 2009 年。

西村忠司,「航空分野の排出権取引」,『運輸と経済』第 67 巻第 6-7 号, pp.57-66, 54-65, 財団法人運輸調整局, 2007 年。

日本航空宇宙工業会,「産業連関表を利用した航空機関連技術の定量化に関する調査」, 日本航空宇宙工業会の Web Page, 2000 年 11 月 3 日アクセス。

日本航空宇宙工業会,『平成 22 年度版　世界の航空宇宙工業』, 2009 年。

日本航空宇宙工業会,『平成 22 年度版　日本の航空宇宙工業』, 2009 年。

延岡健太郎,『製品開発の知識』, 日本経済新聞社, 2002 年。

濱田誠吾,「民間航空機産業のグローバル多層ネットワーク」,『専修大学社会科学研究所月報』No.499-1, 専修大学, 2005 年。

堀内俊洋,『産業組織論』, ミネルヴァ書房, 2000 年。

林昇一・徳永善昭,『グローバル企業論』, 中央経済社, 1995 年。

平林秀勝,『独占禁止法の解釈・施行・歴史』, 商事法務, 2005 年。

藤本隆宏,『生産システム進化論』, 有斐閣, 1997 年。

藤本隆宏,『生産マネジメント入門 I 生産システム編』, 日本経済新聞, 2001 年。

藤本隆宏,『生産マネジメント入門 II 生産資源・技術管理編』, 日本経済新聞社, 2001 年。

藤本隆宏,『日本のもの造り哲学』, 日本経済新聞出版社, 2004 年。

藤本隆宏・武石彰,『自動車産業 21 世紀へのシナリオ―成長型システムからバランス型システムへの転換―』生産性出版, 1994 年。

藤本隆宏・武石彰・青島矢一,『ビジネス・アーキテクチャ』, 有斐閣, 2001 年。

藤本隆宏・安本雅典,『成功する製品開発』, 有斐閣, 1999 年。

松浦一夫,「最新ボーイング 777 の開発」,『品質管理』7 月号, 1996 年。

松田健「エアバス（第 7 章）」,『EU 企業論』, 中央経済社, 2008 年。

溝田誠吾,「国際共同開発と国際共同生産」, 塩見治人・堀一郎編,『日米関係経営史』, 名古屋大学出版会, 1998 年。

三輪芳朗,『日本の企業と産業組織』, 東京大学出版会, 1990 年。

武藤明則,「航空機産業における国際共同開発の組織化プロセスと取引費用」,『経営学研究』, 第 9 巻, 第 3 号, pp87-100, 愛知学院大学, 2000 年。

宗像正幸・坂本清・貫隆夫,『現代生産システム論―再構築への新展開―』, ミネルヴァ書房, 2000 年。

村上政博,『アメリカ独占禁止法』, 弘文堂, 1999 年。

村上政博,『独占禁止法研究』, 弘文堂, 1997 年。

村上政博,『独占禁止法研究 II』, 弘文堂, 1999 年。

村上政博,『独占禁止法研究 III』, 弘文堂, 2000 年。

村上政博,『独占禁止法』, 弘文堂, 2010 年。

安田洋史,『競争関係における戦略的提携　その理論と実践』, NTT 出版, 2006 年。

安田洋史,「アライアンスによる企業競争力の構築」,『組織科学』, Vol.44, No.3, pp.107-119, 2011 年。

山口勝弘,「国際航空分野の排出権取引制度のあり方」,『交通学研究』, 2007 年度 年報, 日本交通学会, 2007 年。

山田秀次郎,「航空機技術波及効果の定量化」,『防衛技術ジャーナル』, 2001 年。

依田高典,『ネットワークエコノミクス』, 日本評論社, 2001 年。

謝　辞

　大学卒業以来約 20 年にわたる総合商社での勤務の後，鉄鋼関連メーカー・開発コンサルタント会社に勤務しながら中央大学経済学研究科に通い 10 年ほどかけて修士課程・博士後期課程を修了した。その後，ジェトロや今も働く機械専門商社に勤めることになるがその間も経営戦略という学問に常には向き合ってきたつもりである。経営戦略というと非常に漠然とした学問で，ともすれば成功した企業の成功体験を追いかけてしまい，その後その会社が不調になるとその戦略が間違っていたと批判することに終始しがちである。その局面での経営者の決断には先を見通す千里眼的な能力や周りの反対をもものともしない確固たる意志と統率力が要求される。が，本書ではそのような経営者個人の能力・判断・リーダーシップに特に着目するのではなく，組織としての企業に注目しその内部的な経営資源の活用と外部環境への適合性について分析した。題材としては最初の総合商社時代長く担当した航空機産業分野でその黎明となった時点での企業やうまく外部環境に適合できていれば一気に波に乗れた企業をいくつか実体験できたこともあり，この産業を取り上げた。経営学博士を授与されてからすでに 6 年が経過したが，その間も大きな変貌を続ける航空機産業は題材に事欠くことはないが，それらを見ながら発表した論文群を加えてここに上梓するものである。

　出版に当たっては，中央大学経済学部の高橋宏幸教授には研究テーマの決定からご意見をいただいた。同じく経済学部の谷口洋志教授・石川利治教授，総合政策学部の大橋正和教授にはそれぞれの観点から貴重なご意見をいただいた。これら先生方及び修士課程時代に指導いただいた故・斎藤優経済学教授には研究者としての心構えを教えていただいた。ここに感謝申し上げる。

　最後に厳しく叱咤しながら激励してくれた妻杏子には感謝の一言では済まされない思いでいっぱいである。

　令和元年 11 月 27 日

さいたま市にて

索　引

著者紹介

閑林亨平（かんばやし　こうへい）

1955 年 7 月 3 日神戸市生まれ。大阪大学経済学部を卒業，株式会社トーメンに入社，航空機部門に配属。その後，鉄鋼関連の製造業，地理空間情報コンサルタント会社，ジェトロ専門家を経て，現三菱商事テクノスに勤務。中央大学大学院修了，経営学博士。

（著書）

2011 年 3 月，『現代経営戦略の展開』，中央大学出版部，中央大学経済研究所研究叢書 53　共著（林昇一・高橋宏幸編著）第 5 章「航空機産業の競争戦略」

2016 年 12 月，『現代経営戦略の軌跡―グローバル化の進展と戦略的対応』中央大学出版部，中央大学経済研究所叢書 67，共著（高橋宏幸・加治敏雄・丹沢安治編著）第 13 章「エアバスと EU エアラインの環境経営―地球温暖化防止策と CSR」

アヴィエーション・インダストリー
―航空機産業の経営戦略―

2020 年 1 月 12 日　第 1 版第 1 刷発行　　　　　　　　　検印省略

著　者　閑　林　亨　平

発行者　前　野　　　隆

　　　　　　　　東京都新宿区早稲田鶴巻町 533
発行所　株式会社　文　眞　堂
　　　　　　　　電　話 03（3202）8480
　　　　　　　　F A X 03（3203）2638
　　　　　　　　http://www.bunshin-do.co.jp
　　　　　　　　郵便番号（162-0041）振替00120-2-96437

製作・モリモト印刷
©2020
定価はカバー裏に表示してあります
ISBN978-4-8309-5058-2 C3034